国外景观设计丛书

景观设计实例

[日] 日本造园学会　主编
本书编委会　编
苏利英　译

中国建筑工业出版社

著作权合同登记图字：01-2005-0949号

图书在版编目(CIP)数据

景观设计实例/（日）日本造园学会主编；本书编委会编；苏利英译.
北京：中国建筑工业出版社，2007
　（国外景观设计丛书）
　ISBN 978-7-112-09113-3

　Ⅰ.景… Ⅱ.①日… ②本… ③苏… Ⅲ.景观－园林设计－日本　Ⅳ.TU986.2

中国版本图书馆CIP数据核字（2007）第017320号

Japanese title：Randosukepu no Shigoto
　by Japanese Institute of Landscape Architecture
Copyright © 2003 by Japanese Institute of Landscape Architecture
Original Japanese edition
published by SHOKOKUSHA Publishing Co.,Ltd.,Tokyo,Japan

本书由日本彰国社授权翻译出版

责任编辑：白玉美　刘文昕　率　琦
责任设计：赵明霞
责任校对：李志立　关　健

国外景观设计丛书
景观设计实例
　[日]日本造园学会　主编
　本书编委会　编
　苏利英　译
＊
中国建筑工业出版社出版、发行(北京西郊百万庄)
各地新华书店、建筑书店经销
北京嘉泰利德公司制版
北京富生印刷厂印刷
＊
开本：787×1092 毫米　1/16　印张：9　字数：250千字
2007年8月第一版　2007年8月第一次印刷
定价：38.00元
ISBN 978-7-112-09113-3
　　（15777）

版权所有　翻印必究
如有印装质量问题，可寄本社退换
(邮政编码100037)

本书编委会

委员长 下村彰男（东京大学）
干　事 柳井重人（千叶大学）
委　员 麻生　惠（东京农业大学）　　　阿部宗广（环境省）
　　　　　池边Konomi(NLI Research Institute)　井手　任（农业环境技术研究所）
　　　　　佐佐木邦博（信州大学）　　　柴田昌三（京都大学）
　　　　　铃木雅和（筑波大学）　　　　栂也良明（国土交通省）
　　　　　福成敬三（Foresight公司）　　增田　升（大阪府立大学）
　　　　　宫成俊作（奈良女子大学）
执笔者（按执笔顺序排列）
　　　　　舆水　肇（明治大学）　　　　下村彰男（东京大学）
　　　　　番匠克二（环境省）　　　　　宫前保子（Research Institue of Space Vision.Inc）
　　　　　本中　真（文化厅）　　　　　仲　隆裕（京都造型艺术大学）
　　　　　福成敬三（Foresight公司）　　西田正宪（奈良县立大学）
　　　　　猪爪范子（地区综合研究所）　南　贤二（LAC规划研究所）
　　　　　山本久司（吴市市政府）　　　田中　康（Heads公司）
　　　　　山本干雄（都市基础整备公团）鹤见隆志（都市基础整备公团）
　　　　　丸山　宏（名城大学）　　　　佐佐木叶二（京都造型艺术大学、凤咨询顾问公司）
　　　　　长滨伸贵（E-DESIGN公司）　　秋山　宽（Tam地域环境研究所）
　　　　　长谷川弘直（都市环境规划研究所）田濑理夫（Plantago公司）
　　　　　小野良平（东京大学）　　　　蓑茂寿太郎（东京农业大学）
　　　　　吉田昌弘（空间创研）　　　　金清典广（高野景观规划）
　　　　　三宅祥介（SEN环境规划室）　中见　哲（地球号）
　　　　　宫成俊作（PLACEMEDIA公司）山本　仁（札幌市厚别区土木部）
　　　　　铃木　诚（东京农业大学）　　樋渡达也（日本造园学会会员）
　　　　　小河原孝生（生态规划研究所）西川嘉辉（国土交通省）
　　　　　齐藤浩二（KITABA景观规划公司）有贺一郎（Suncoh咨询顾问公司）
　　　　　高桥　勉（箱根湿生花园）　　龟山　章（东京农工大学）
　　　　　尼崎博正（京都造型艺术大学）

日文版面设计、装祯　伊原智子

序　言

　　本书所收录的设计成果是日本造园学会的会员从过去至现在的多年间，努力从事的工作，以及对其给予极大关心的工作的缩影。它向人们展示了面对造园这一领域对未来的重要且富于启迪性的内容。在此，我们将其归纳为"景观营造工作"。关于"造园"和"景观"的不同之处，请大家在看过本书所收录的设计实例及文字解说部分的内容之后，再重新仔细地阅读本书开头"前言"部分的内容。其中，对此有详尽的阐述。

　　关于地区的状况和人们的生活，从最适于将这一信息传递到人们身边的影像媒介（物）那里，人们知道了世界上有着各种各样的生活和生活的空间。或许可以说，那是一部风土、历史和人们的生活创作的作品。里面蕴含着具有无穷魅力的衣、食、住的文化。这其中也包含有映入人们眼帘的视觉文化，也就是景观营造工作。人们接受了以努力创造出来的东西为中心的各种文化。然而，或许这其中也存在着并非刻意营造的、而是借助大自然和人类生产、生活行为的力量，在漫长的岁月中，逐渐形成的东西。这也是景观营造工作，也是造园的独特世界。

　　在城市、农村、自然地上营造庭园、公园等园地和风景的时代，造园的工作可以按照历史·原论、规划·设计、材料·施工、管理·运营这样的工作程序加以整理。产业界、政界、学术界也是这样地分担其中的工作。这样的工作程序和任务分担，现在也还是俨然存在。因为，要了解工作的目标和工作的意义，这是最易于理解的坐标轴。在尽管具有"景观营造工作"这样的吸引力，却面临"究竟由谁？怎样去做？才能将其作为工作来完成？"这样具体且不甚明了、令人感到困惑的场合时，就出现了这样的任务分担。然而，并不是只完成这样的分担就可以了，重要的是如果不能站在整体的角度看问题，那么，将来就不能够使地区的、国家的、世界的生活环境和自然空间在理想的状态下得到继承、保护和发展。

　　在世界上值得夸耀的日本庭园，其设计、空间构成、理念，无论从哪个方面来讲，都是独创的空间。在静寂、平和的空间中，所有的在场者都会受到感动。战争、纷争和暴力破坏了国家、破坏了地区，同时也破坏了人们平静的生活。营造景观的工作理应是与之相对抗的工作。在营造景观的过程中，有时在改变自然的同时，也会伴随粗暴的场面。然而，在那里最珍惜的是生命，是生活；所追求的是对其进行关爱、守卫、保护、培育这样的美丽、善良的心灵。本书向人们介绍了为此做出不懈努力所取得的成果。

　　请大家浏览一下本书的目录。美丽、丰富、繁华、休憩这些原本我们追求的东西都在其中。然而，"怎样做才能够实现对其的保护、创造、培育和继承？"则是摆在我们面前的重要研究课题。本书介绍了与此相关的意见和建议。

　　从获得启示、拓展思路的角度出发，本书向今后将要学习景观方面知识的人们，向关心景观建设、力求从细微处做起的城市市民，向可称之为景观方面专家的、努力探索未来发展方向的景观建设工作者以及作为行政方面的行家、在工作过程中不断探求新方向的人们，介绍了可供学习、借鉴和参考的景观营造工作的成果。

　　期待着本书的出版能够对前面所提到的人们有所助益。同时，我们深信，景观营造工作一定会对营造更加温馨和谐、更加美好、更加丰富多彩的地球生存环境做出应有的贡献。

社团法人　日本造园学会会长　舆水　肇

2003年4月

构　想
制定以实现最适合该地区未来理想状态为目标的基本方针

规　划
在研究、探讨旨在实现构想的景观形态的同时，制定其实施的方法和步骤

设　计
在将从规划直至施工的调整同现场的情况具体对应的基础上进行设计

施　工
实际操作构成景观的要素，进行景观的整备

维护管理
以保持、改善景观的现状或者某种状态为目的，进行相应的处置

运营管理
以有效地利用景观、进一步充实和促进景观利用和活动开展为目标，进行相应的处置

目　录

前言 ……………………………………………………………………………………… 8
景观营造工作分类 ……………………………………………………………………… 10

第1章　保全自然的风景美和历史的景观 ……………………………………… 12
实例01　制定保护国立公园的风景、实现同自然交往的规划
　　　　 中部山岳国立公园 ………………………………………………………… 14
实例02　具有悠久历史的古都的历史遗迹保护工作
　　　　 明日香村的历史遗迹保护 ………………………………………………… 18
实例03　保全梯田的风景　名胜　姨捨（水田映月）……………………………… 22
实例04　重现古庭园的景观　古迹·名胜　平等院庭园 ………………………… 26
实例05　生活聚居地附近山野风景的再生与管理　武藏岚山溪谷 ……………… 30
■历史造园遗产　1　国立公园制度的诞生
　　　　　　　　　　 运用相关制度进行风景的保全　田村刚 …………………… 34

第2章　形成丰富的生活风景 …………………………………………………… 36
实例06　充分发挥农村风景和资源优势的可持续发展地区的建设
　　　　 由布院温泉 ………………………………………………………………… 38
实例07　保护、培育日本的原风景　群马县新治村 ……………………………… 42
实例08　扮靓都市的风景　吴市都市景观形成示范项目 ………………………… 46
实例09　以共同拥有的绿色为切入点的地区恢复重建工作
　　　　 神户市东滩区深江地区 …………………………………………………… 50
实例10　与专家们共同作业　多摩新城　贝尔格里纳南大泽 …………………… 54
实例11　以绿化为骨架的城市建设　港北新城 …………………………………… 58
■历史造园遗产　2　"花苑都市"构想
　　　　　　　　　　 近代都市的生活设计·大屋灵城 ………………………… 62

第3章　为人们提供聚会、交往便利的空间设计 ………………………………… 64

  实例12　在人造地面上营造的绿化广场　榉树广场 ………………………… 66
  实例13　共同营造体现盆栽町地区特色的风景　埼玉市盆栽四季大道 …… 70
  实例14　进行从利用者视觉效果角度考虑的广场建设
      神户异人馆大街　风见鸡公馆和北野町广场 ……………………… 74
  实例15　从对项目完成后继续成长中的绿色实施管理的过程中得到的启迪
      ACROS福冈（アクロス福岡）阶梯式花园 ………………………… 78
  实例16　关注新城开发的景观建设　临海副都心象征性散步道 …………… 82
  ■历史造园遗产　3　明治神宫外苑的银杏行道树
          作为人们活动舞台的林荫道·折下吉延 ……………… 86

第4章　为人们提供休憩、消遣场所的公园设计 ………………………………… 88

  实例17　充分体现地区特点、具有一贯性的公园设计
      学研纪念公园滨水区（水景园） ……………………………………… 90
  实例18　与艺术家一起，在尝试摸索中进行游乐场的建设
      国营昭和纪念公园儿童之林 …………………………………………… 94
  实例19　从不同利用者角度考虑的、具有广泛适用性的设计
      Rinku公园（りんくう公園）象征性绿地南区 ……………………… 98
  实例20　以营造颇具自然魅力的草药植物世界为宗旨的空间设计
      布引草药植物园 ………………………………………………………… 102
  实例21　诱导新风景的工作乐趣　植村直己冒险馆 ………………………… 106
  实例22　在北方荒野上建设的雕刻公园　MOERENUMA PARK
      （モエレ沼公園、Moere沼公園） …………………………………… 110
  ■历史造园遗产-4　日比谷公园　日本最初的都市公园·本多静六 ……… 114
  ■历史造园遗产　5　震灾复兴小公园　与小学校形成一体的小公园·井下清 … 116

第5章　进行植物、水体、石景的设计，营造共生的空间 ……………………… 118

  实例23　营造动植物与人和谐共生的风景　东京都立东京港野鸟公园 …… 120
  实例24　营造与绿色同步成长的大规模公园景观　国营昭和纪念公园 …… 124
  实例25　采用产业遗产再生与岩石造型设计的处理手法进行公园建设
      札幌市石山绿地 ………………………………………………………… 128
  实例26　营造作为社区人们活动、交往中心的小树林　太阳城·社区花园 … 132
  实例27　在水田旧址上营造湿地植物园　箱根湿生花园 …………………… 136
  ■历史造园遗产　6　明治神宫的树林
          在市中心营造大规模的天然林·上原敬二 ……………… 140
  ■历史造园遗产　7　无邻庵庭园
          近代庭园建设的开端·七代小川治兵卫（植治） ……… 142

后　记 ……………………………………………………………………………… 144

前 言

在日常生活中，我们经常可以听到或者看到"景观"这一词汇。但是，实际上，人们或许并不十分了解景观营造工作都包含哪些内容，哪些人与之相关联。有这样一个词汇，即"Landscape Architecture"，如果将其直译的话，则意为"风景（景观）建筑"。但是，在日本，该词却被翻译为"造园"。造园就是运用从古代的庭园营造和庭园管理工作中经过反复推敲、提炼出来的植物和水等自然要素，利用营造风景的技术，并在其中添加近代以后各项技术的发展，在城市、农村的公共空间，在未经开垦的自然地等地方，扩展活动场所，进行风景创造的领域。造园领域的技术工作者在景观营造工作中起着核心作用。

大家也许知道以公园和街道的行道树为主的城市绿化是在什么样的思想指导下，由哪些人进行营造、管理的吧，并且，也一定知道国立公园的风景受到如何的保护。本书的宗旨是向人们介绍什么样的人、以什么样的思想、拥有什么样的技术，参与这样的景观环境建设及其管理工作。同时，本书还将就对现在的城市建设、空间建设产生影响的、且已经成为人们工作依据的、亦可称之为近代遗产的有关景观建设方面的成果，向大家作一介绍。

景观一词的含义

在此，首先想谈及"景观"一词。实际上，该词汇可以在多个领域、以不同的方式被使用。因为，它可以被理解为人的生产、生活环境的本身，所以，由于所处的立场和面临的状况不同，对该词的理解方式和使用方法也会有所差异。由于没有更多的时间对该词的不同理解方式和使用方法加以整理，并介绍给大家，所以，在此，只从本书的立场出发，对其进行阐述。

本书所采取的立场，正如文字中所表示的那样，将"景观"理解为"地区（land）的风景（scape）"，也就是将其理解为地区的自然和人们的生活营造出来的当地固有的风景。景观是通过本地区的人们过最适合当地环境的生活、作为其表现形式而表现出来的。通常，"Landscape"被单纯地译为"风景"或者"景观"，但是，只有扎根于当地的自然和历史之中的风景才能称之为景观，同地区没有任何关系的风景、不能令人读懂那个地区的特征和当地人们生活的风景，很难称之为景观。

近代以后，由于建筑技术的发展以及素材的多样化，人们的眼前呈现出由各种各样的形态和色彩构成的风景。使沿街建筑群的形态和色彩统一、人工构筑物与街道景观和自然风景相协调的技术，即操作表层的视觉形象的技术也有了飞跃性的提高和发展。然而，在市中心等地方，即使是经过精心装饰的街角，由于硬质景观的缘故，也会给人以被拒绝之感。而且，不少的地方都会给人留下与此相同的印象。那些尽管将外表装扮得十分漂亮，却并非基于地区的历史、风土及人们生活的风景，会给人以不协调和不舒畅之感。近代的技术，尤其是建筑技术，正在朝着超越各种各样的地区条件，使建设成为可能的方向发展。可以说，这样一来，近代技术使得风景逐渐与地区脱离开来。同时，这也成为导致景观格式化并给人以不舒适感的主要因素。因此，我们需要重新站在"地区风景"的原点上，认真地思考景观方面的问题。

所谓景观营造工作

正如前面所讲述的那样，如果将景观作为"地区的风景"来理解，那么，景观营造工作就不能单纯地停留在扮靓映入人们眼帘中的风景。当然，具体说来，虽然工作的重点在于操作构成风景要素的形态、色彩及材料的肌理，或者对要素间的相互关系进行调整，但是，其基本思想是力求营造能够突出地区所拥有的自然、历史以及地区人们的生活等特征的风景。

如果人们的生活发生变化，即人们同地区的自然和空间的交往方式发生改变，那么，风景也必然会产生变化。因此，景观是"动态的（动态存在）"，需要同构成其形成背景的人们的生活一并进行思考。如果不对成为风景形成背景的人与土地的关系进行调整，即不进行生活场所的建设，就不能算是真正意义上的景观营造工作。从反面来看，也可以说，所谓的景观营造工作，就是通过构建人们生活的舞台，提出新的生活及新的生活方式。

这样的景观营造工作涉及诸多方面。从利用原生自然景观营造的国立公园，到巧妙利用都市中的绿化和水体等自然要素营造的风景，景观整备地区涉及的范围非常广泛。农村、山庄风景的保全和创造也是其中的重要工作之一。由于空间规模的不同，景观营造工作的性质也会有所差异。既有根据私家庭园和都市小广场这样的用地规模进行的景观设计，也有涉及到地区、都市乃至更大范围的国土整体的绿化、大自然的理想状态以及处理方式等方面的工作。

除此之外，在很大程度上左右景观营造工作性质的是规划成熟度。景观的营造工作在这一点上也是富于变化的。所谓规划成熟度，就是表示是处于景观构想、规划实施以及建成后管理的哪一阶段的工作。从将着重点放在体现最适合该地区今后理想状态的"构想"开始，逐步进入"规划"、"设计"这样的具体工作阶段，在"施工"阶段，则向人们提供出实际状态的空间。一般来说，以小规模的空间为对象进行的景观营造工作，成为接近实际的空间整备的具体工作的事例较为多见。而且，景观营造工作是一种连续的行为，在很多情况下，还要对自然施加人工的处理，与空间建设完成后的管理相关的工作也具有可称之为景观营造工作的特征这样的重要性。实际上，既要进行植物的培育、景观维护管理等方面的工作，还要提出和制定有关人员和经费的预算等方面的管理工作计划。

如前所述，在景观营造工作的现场，其工作是从对地区在自然、历史、社会中的特征的认识和把握开始，花费时间，重点进行人与自然关系的调整，即景观营造工作是以构建人与地区的良好关系为宗旨，努力营造促使人们加深对地区的认识和理解、促进相互交往和影响的环境和氛围。

东京大学大学院农学生命科学研究科
教授　下村彰男

景观营造工作分类

建筑用地 ← 　　　　　　　　　　　　　　街区

实例12

实例14

实例15

实例26

实例13

实例18

实例19

实例17

实例25

实例04

实例21

实例20

实例27

第1章 保全自然的风景美和历史的景观　　第2章 形成丰富的生活风景　　第3章 为人们提供聚会、交往便利的空间设

空间规模

地区 → 地域

规划对象地区

城市中心区

实例08

实例09

实例16

实例10

实例24

实例11

住宅区

实例23

实例22

农村

实例03

实例05

实例06　实例07

实例02

自然地

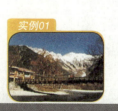
实例01

■ 第4章 为人们提供休憩、消遣场所的公园设计　　■ 第5章 进行植物、水体、石景的设计，营造共生的空间

第1章

保全自然的风景美和历史的景观

"保全"是进行景观操作时的重要思想之一，其具代表性的是国立公园优美自然风景的保护工作。

到了近代社会，原生自然的风景美被人们所发现，并通过实施国立公园（自然公园）制度，使自然风景得到有效的保护。该国立公园制度的创立，也是昭和初期有关景观建设的重要工作之一。此后，景观领域与国立公园的风景保护紧密地联系在一起。

保护这样的景观现状或者某时代的状态、促进人们交往的思想，在对古老的街道景观、历史遗迹以及古代日本庭园等历史环境的处理方面，基本上是共通的。但是，实际上，在人们生活的场所，谋求景观的保护与现代生活方式的协调是摆在我们面前的重大课题，需要根据各种不同的情况，探寻解决问题的答案。

相对于这些通过人为的改变，进行景观保护的思想，近年来其重要性日益被人们所认识的梯田和在人们生活的地方营造的、与人们的生活密切相关的山野风景的保全，其性质有所不同。梯田和在人们生活所在地营造的山野风景是人为作用于自然而形成的，要保全这一风景，就需要继续对其施加人为的影响。在地区的农林业难以维持、人们的生活与地区的自然失去足够联系的今天，能否形成以景观保全为宗旨的、继续对自然施加人为影响的新结构，是我们所面临的重要课题。

LANDSCAPE WORKS

LANDSCAPE WORKS

实例 01　番匠克二

构想
规划
设计
施工
维护管理
运营管理

制定保护国立公园的风景、实现同自然交往的规划

中部山岳国立公园

在日本落叶松林中蜿蜒穿过的小道

有关国立公园的规定及相关的职责

在日本，为了使拥有优越自然环境的风景区得到进一步的保护和利用，指定了28处国立公园。

为了保护这些被指定为国立公园的风景区，在公园内的许多行为会受到一定的限制。在需要施加严格保护的地区，甚至对落叶的采集也作出了相应的规定；对于有建筑物存在的地区，根据公园的管理规划等，对建筑物的规模和色彩加以限制，并据此实施建设行为。例如，在中部山岳国立公园的上高地，明确规定出建筑物的规模、色彩以及屋顶斜面的坡度，并指出护岸不得采用混凝土材料进行砌筑，需要采用石笼护岸的处理手法就是其中的一例。

另外，使众多的利用者实现同大自然的亲密接触也是国立公园的作用之一。为此，在公园内进行了具有提供自然情报功能的游客服务中心和自然观察小路的建设。上高地是国立公园中为数不多的由环境省直接管辖的地区，其中的许多利用设施也是由环境省负责建设的。

当我们环境省的自然环境部门技术官员（通称国立公园的管理员）作为国立公园的自然保护官员赴任的场合，其主要工作是就该国立公园的风景保护和利用等方面的问题，同当地的人们进行协商、探讨，如何更好地实现相关的调整。

上高地绿色钻石规划

上高地可以北观穗高连峰，南望烧岳山的连绵山脉，是有名的山岳风景胜地。1934年被指定为中部山岳国立公园。这里在拥有清澈的梓川和大正池的同时，还是众多登山爱好者喜爱的场所。现在，上高地每年接待的游客人数将近200万人次。架设在梓川上的河童桥成为深受游客喜爱的重要的风景点。

在1995年至2001年7年间，在该地区实施了由环境厅（现在的环境省）主持编制的整顿建设规划——"绿色钻石规划"。我承担了该规划后半部分的编制工作，并且，参与了作为景区中心设施的上高地游客服务中心的规划、设计工作。

绿色钻石规划力求将可以接待众多来访者参观游览的国立公园的优美的自然风景区同园中的主要活动区域集中进行整顿建设，在保护自然风景区的同时，使更多的利用者实现同大自然的亲密接触。为此，将风景区具体划分为游客集中活动区域、对自然有兴趣的利用者接触自然的区域以

河童桥与穗高连峰

及登山爱好者利用区域等，进行整顿与建设。

首先，将以河童桥为中心的区域设定为可接纳众多利用者的区域，除在梓川上架设河童桥外，还进行了林间小道、步行道、洗手间等基本设施的建设，位于停车场旁边的游客服务中心成为景区的中心设施。在进行上述设施的规划、设计时，尽可能采用木材为原料，力求进行与自然景观协调的、简约的设计与施工。

其次，作为对自然感兴趣的利用者接触自然的区域，进行了大正池与明神之间的步行道建设。该区域同时被指定为国立公园的特别保护区，是对动植物的采猎等一切行为实行许可制的、严加限制的场所。该规划的指导思想是试图通过

上高地绿色钻石规划总平面图

第1章 保全自然的风景美和历史的景观 15

上高地游客服务中心

步行道等设施的建设，使游人在不给自然环境增加负荷的前提下，对通过采取限制措施加以保护的地区进行有效利用的同时，对步行道以外的场所也施行严格的保护。

在登山爱好者利用区域，进行最低限度的整顿与建设。从环境保护的角度考虑，在山上设置洗手间，并对存在危险隐患的桥梁进行重新架设。

为了使年游客量近200万人次的上高地风景区的利用者能够以尽量减少对自然环境影响的方式对景区加以利用，采用上述的处理手法，对游客集中的重点区域以及从那里至山岳地区的自然环境重点保护区域一并进行整顿与建设。在这其中，整顿建设的重点是位于节点位置的、可为游人提供上高地自然风光和周围山岳风景展示的上高地游客服务中心。

颇具日本风格的游客服务中心

可以说，在日本国立公园的游客服务中心设施中，上高地游客服务中心是利用者最多，最具代表性的设施之一。重建前的游客服务中心是1970年建造的。在历时30多年的时间里，这里接待了大批前来旅游观光的游客。木结构的、素朴的建筑以及在这里举办的充满对山的憧憬和敬畏之情的山岳摄影家、同时又是自然主义作家的田渊行男先生的作品展也吸引了众多的来访者。

为此，在进行新游客服务中心的规划设计构思时，在力求使新建筑保持原有木结构建筑朴素的建筑外观，确保建筑物的二层为事务性空间的同时，与现今的建筑基准法相对应，决定建造以3根大直径木柱为中心的、充分体现木结构风格的建筑。同时，与建筑周围的环境相对应，采用利用太阳能的供热装置等天然能源。

作为田渊先生作品展的延续和发展，计划在重新修建的游客服务中心内举办以"令人神往的山岳风光"为题、由有关介绍山岳风光的照片和文字组成的作品展。或许可以说，汇集11位一流山岳风光摄影家的优秀作品，并配以生动文字说明的作品展示，是所有对山岳怀有神奇幻想的人们，只有在上高地才能得到的精神上的享受。上高地游客服务中心的建设遵循从游客需求出发、以人为本的设计理念，重点进行导游设施和可随时向游人提供最新游览信息的情报提供场所等设施的建设。游客服务中心采用图片展示和影像资料播映的方式，每天向来访的游客介绍上高地的景观全貌和清水川独特的清流景观。

进行游客中心的建设时，在设计承包者、摄影作品展的组织者、设施管理者以及地区有关人士的具体操

联合作品展示

作和共同协商的基础上,进行该项目的构思、规划和设计。遗憾的是我作为一直负责该项目的行政官员,由于工作的调动,在工程尚未完工时,已经调任其他工作。但是,建成的游客服务中心与当初设想的十分接近。虽然,上高地是为数不多的由环境省所管的地区之一,但是,该项目并不是仅仅由环境省建设完成的。它是在同地区以及从事设计、施工的诸多人士共同配合、不断摸索中建设完成的。

努力做好自然风景区的保护与管理

我觉得,环境省自然保护官员的工作,就如同该游客服务中心的建筑所代表的那样,需要在不断协调各方面关系的同时,进行风景区的保护与管理。在因为是国立公园的缘故而拥有土地所有权的海外国立公园也谋求与当地人士共同合作的今天,对于通过采用制定分区规划(不拥有土地所有权,通过行为规则限制,保护国立公园的制度)指定大面积的国立公园,并由少量人员进行管理的日本国立公园来说,与当地人士及志愿者等的配合与协作,具有越来越重要的意义。

环境省负责自然环境方面工作的技术官员的业务工作范围,除了做好自然风景区的保护与管理方面的工作之外,还要处理与自然环境相关的其他各项工作。为此,需要在广泛地了解有关自然环境方面的问题,与各方人士接触、沟通的同时,完成自然风景区保护的现场工作以及全国性的有关自然环境保护相关对策、措施的制定等方面的工作。

上述的有关国立公园自然风景区的保全与管理的方式、方法,还远远不能满足实际工作的要求,有待进一步地改进和完善。今后,要不断地加深人们对保全自然风景区重要性的认识和理解,在以国立公园为首的各个地区,为实现自然风景区的有效保护,进行不懈的努力。

番匠克二
东京大学大学院农学系研究科毕业。而后进入日本环境厅(即现在的环境省)工作。在前往北海道厅工作期间,曾负责川汤自然博物馆规划等方面的工作,并作为中部地区自然保护事务所设施科科长,参与上高地自然风景区的保护与建设等方面的工作。除此之外,还担负国立公园的许可审批、公园规划、鸟兽保护行政、南极环境保护等诸多领域的自然环境行政方面的工作。
现在,作为环境省自然环境局国立公园科保护、管理专门官员,担负自然公园法的修改工作。

项目名称　上高地绿色钻石规划
所 在 地　中部山岳国立公园
竣工时间　2001年(游客服务中心)
委托部门　环境省中部地区自然保护事务所
规划时间　1995～2001年
交　　通　松本电气铁路　从新岛岛站乘坐公共汽车需要70分钟

LANDSCAPE WORKS

实例 02 宫前保子

构想
规划
设计
施工
维护管理
运营管理

具有悠久历史的古都的历史遗迹保护工作

明日香村的历史遗迹保护

飞鸟京苑地的考古发掘现场，吸引了众多的考古爱好者。

日本人的精神故乡

每当甘樫丘的樱花盛开的季节和石舞台周边梯田中的石蒜花竞相开放的时节，明日香村都会迎来众多来自全国各地的观光者。如果将发掘新遗址的消息在新闻媒体上加以披露，那么，许多考古爱好者一定会蜂拥而至。为了保护如此富有魅力的历史遗迹，1966年制订了《关于古都历史遗迹保护特别措施法》，使得在日本漫长的历史长河中形成的古都风貌得到有效的保护。

在古都的历史遗迹中，明日香村的历史遗迹由众多的古墓群、酒船石等石材遗迹、飞鸟京遗址等宫殿遗址和寺院遗址构成。它们多存在于农田和森林之中，特别有代表性的景观有从甘樫丘眺望飞鸟村落的风景、大官大寺遗迹以及甘原寺周边大面积的田园景观。位于京都和镰仓的寺院、神社等"看得见"的建筑景观同构成历史遗迹核心的东西有所不同，明日香村的历史遗迹，"具有历史意义的建筑物、遗迹等"几乎都是"无形的历史遗产"。即它们具有"田园和树林不是沉没在历史遗迹背景中的'地'，而是将历史遗迹作为沉睡的'图'，一并加以把握"这样的特征。水田、树林等自然要素也同"看得见"的历史遗迹一起，成为明日香村历史遗迹的重要的要素。这样的遗迹构成正是日本人的"精神故乡"的来由。

与历史遗迹保护相关联的机缘

我与明日香村的机缘可以追溯到我的学生时代。当时，作为课题研究小组研究工作的一环，有机会来到明日香村，以村中对1970年前后的古都法制定产生动摇心理的农户为对象进行走访，倾听当地人们对历史遗迹保护问题的意见和要求。30年后的1999年，对于历史遗迹的保护，已经开始从严格限制历史遗迹现状变更的"冻结性的保护"向追求不断谋求地区的振兴与发展的"创造性的保护和利用"的方向转变。在面临这样重大变化的时期，我作为技术顾问，有机会再次来到明日香村，就该地区的历史遗迹保护等问题进行调查与研究。在工作的过程中，我深深地感到，应该认真地探究为什么明日香村的历史遗迹从我的学生时代至今被毫无变化地加以保护，现在要解决的问题究竟是什么。于是，我将以地区的振兴、发展和历史遗迹的协调为目标的自然景观管理策略的研究作为单独的研究课题，并将调查、研究的成果在学会上进行发表。

以历史遗迹保护为目的的分区规划

要进行像明日香村那样的、以大范围的村域为对象的历史遗迹保护，需要编制相应的分区规划（将一个地区的整体，以功能、用途等为指标，

作为保护基础的法规规定不同的面积

法规的种类	面积（hm²）	构成比率（%）	备考
关于古都历史遗迹保护的特别措施法			
第一类历史遗迹保护地区	125.6	5.2	
第二类历史遗迹保护地区	2278.4	94.8	
合计	2404.0	100	村庄全域
都市规划法			
第一类风景区	125.6	5.2	
第二类风景区	855.4	35.6	与橿原市14hm²区域相接
第三类风景区	1423.0	59.2	
合计	2404.0	100	村庄全域

按自上而下顺序：秋天，河边盛开的石蒜花吸引着众多的摄影爱好者 ／ 从甘樫丘俯瞰飞鸟地区/在广阔的农田下面，沉睡着许多宝贵的历史遗迹 ／ 村落、农田及其背后的森林，构成了明日香村的历史景观

划分为若干区域的作业）。日本传统的农村景观与村落所处的位置和地形有着密切的关联。而且，明日香村的历史遗迹群已经成为重要的景观要素。因此，正如下页图中所表示的那样，通过编制以村落和历史遗迹群为基础的景观分区规划，可以对有关历史遗迹保护的自然景观管理策略做进一步地研究和探讨。

在下页图中①所示的"平地区域"中，分布着宫殿遗址、寺院遗址等特别的历史遗迹、古迹以及许多其他的历史遗迹。该区域在明日香村的历史遗迹中，占有重要的地位。大部分的水田和旱田通过土地所有者的生产活动，维持着优美的田园景观。希望今后也能继续这样的生产活动。

在下页图中②所示的"傍山区域"中，古坟和陵墓呈现出次生林和草地的景观。但是，部分地区存在的休耕地和闲置林成为我们面临的重要课题。为此，需要进行诸如村落单位的景观规划的编制、新景观形成模型的整备等新对策体系的建设。

在下页图中③所示的"河谷区域"，村落背后的森林中分布有古墓群遗迹等，历史资源处于"无形的"状态。梯田的风景美丽、壮观，飞鸟川成为举行"系绳祭神仪式"等传统祭祀活动的场所。在这里，人们将梯

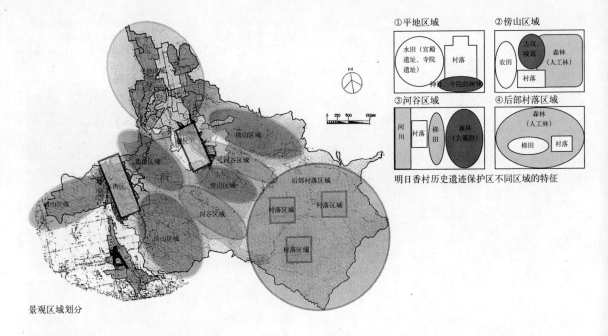

景观区域划分

明日香村历史遗迹保护区不同区域的特征

田景观的本身看作是"历史的遗迹",并进行有都市居民参与的梯田风景的维持与保护工作。为此,希望今后能够加强对城市与农村的交流活动以及当地居民的交流活动的支持,并进行为交流活动提供便利的相关设施的建设。

本页图中④所示的"后部村落区域",村落分散在林地之中,虽然历史遗迹的情况目前尚不十分明了,但是,该区域由围绕村落的森林和小规模的阶梯状农田构成,通过土地所有者的生产活动,这里的森林和农田保持着良好的状态。然而,由于目前从事农林业的人员趋向高龄化,因此,今后景观的维持是摆在我们面前的一大课题。为此,需要通过采取倡导和促进种植高附加值的农作物的措施,谋求实现丰富、富裕的山村生活与历史遗迹保护的有机协调。

今后历史遗迹保护所面临的课题

如果根据明日香村历史遗迹的特点,探讨各个区域历史遗迹保护的理想状态,那么,可以清楚地看到,在旨在进行创造性保护的自然景观管理方面,存在着许多需要研究解决的课题。

1. 应该认真地思考应有的历史遗迹究竟是什么?以前,往往是对现状的土地利用和风土实施固定、冻结性的保护,然而,今后我们将面临"在根据不同地区的特点、考虑作为地区理想目标的地区形象的同时,认真仔细地研究和探讨有关作为国民共有财产的历史遗迹保护对策、措施"的时期的到来。

2. 有关进一步实现地区振兴与发展的对策的探讨。一般来说,在农村,大米和蔬菜的生产同农村景观的管理相关联。在旅游观光地等地区,作为对当地人们进行景观管理工作的补偿,将旅游观光业收入返还给地区。以前,明日香村的村民们以当地拥有的历史遗迹为骄傲,积极从事有关风土管理方面的工作。今后,希望能够根据各地区的实际情况,积极地支持旨在实现地区振兴与发展的各种新活动的开展。

3. 与景观维护相关的管理活动和土地所有形态的整序。可以这样认为,通过指定历史遗迹保护区,一方面土地所有者自由利用土地的行为受到限制,另一方面,土地所有者通过在拥有历史遗迹的土地上从事农林业生产活动,也担负起景观维护的工作。同时,也推动了土地公有化的发展。但是,考虑到历史遗迹是国民的共有财产,今后,需要进一步探讨开展不受土地所有形态限制的、多种形式的历史遗迹维护管理活动。

日本人的精神故乡，明日香村全景

历史遗迹的维护与管理是一项长期的工作

对于明日香村历史遗迹的保护，需要考虑从生活—生产—保护等不同的侧面进行创造性的维护和利用。现在，这里已经营造出春秋两季鲜花盛开的美丽风景，有些地方还利用休耕地尝试进行《万叶集》中提到的黄花龙芽等草本植物的栽培。并且，进一步研究探讨有关将原有的杉树和桧木树林转换为由柞树和山樱花树构成的次生林这样具体的对策。今后，不仅是农田和森林，对于河川空间和贮水池，乃至大规模设施周边的景观美化等方面，都要以"明日香村理想的地区形象是什么"为题，展开广泛的讨论，并通过采用新的自然景观管理手法，更好地进行历史遗迹的保护。

如前所述，为了进一步推进明日香村历史遗迹保护工作的开展，在采用通过法律规定进行限制以及行政、村民、都市居民、观光者共同分担等措施的同时，运用适合各个区域自身特点的自然景观管理手法，有着极其重要的意义。

为了对明日香村的历史遗迹实施保护，各方面的专家、学者在规划编制、空间设计以及公众参与的设计等诸多方面发挥着很大的作用。担负地区形象设计和景观营造工作的景观设计师，在倾听具体从事历史遗迹保护工作的人们以及地区各方人士的意见、要求的同时，进行调查、规划与设计等方面的工作，也起着重要的作用。

宫前保子

生于大阪府。京都大学大学院农学研究科博士课程毕业后作为技术顾问，从事景观规划、公园绿地规划以及庭园设计等方面的工作。1992年独立。除参与"绿地推进计划"、"大都市圈绿地保护规划"等项目的工作外，1998年至2001年间，在京都造型艺术大学环境设计学科担任学生的指导工作。近年来，作为空间构想研究所的所长，致力于以历史遗迹的保全、都市自然环境保全规划以及都市的环境共生规划等方面课题的研究工作。

项目名称　有关明日香村历史遗迹保护的调查与构想
所 在 地　奈良县高市郡明日香村
交　　通　近畿日本铁道飞鸟站

LANDSCAPE WORKS

实例 03 本中　真

构想
规划
设计
施工
维护管理
运营管理

保全梯田的风景

名胜　姨捨（水田映月）

这里保存有人们传说中的"祖母石"和许多碑上刻有和歌的歌碑群。据传说，在长乐寺的院内，一位被人遗弃的老妪蹲在地上不停地哭泣，不久，就变成了一尊石像，也就是现在人们所说的"祖母石"。

姨捨(水田映月)的梯田。后面是千曲川和善光寺平。

各地进行的梯田风景保护工作

近年来，各地区为梯田风景的保全做了大量的工作。由于梯田多分布在地面坡度较大的地方和呈斜坡状、易发生地表滑落的地带，所以，梯田存在的本身在环境保护和防止灾害发生方面作出的贡献，引起人们的高度关注，同时，人们对这一培植农村传统文化的场所有了新的认识和理解。

为了与农林水产省以梯田保全为宗旨的新的政策、措施的实施相呼应，以拥有素有"千块水田"之称的梯田景观的市、町、村的主要负责人为中心，成立了"全国梯田（千块水田）联络协商会"。力求通过实施梯田的保全，进一步促进地区的振兴和发展，并决定每年举行"梯田峰会"。

像这样显著的梯田景观还被选入《梯田百选》之中，使更多的人对其有所了解。人们追求美丽的风景，许多的观光者到各地的梯田景点参观、游览。在经过整顿建设的梯田景区，地方行政成为经营主体，并开始实施城里人在当地村民的协助下租种梯田、进行农耕体验的"自主管理制度"。梯田作为

"信浓更科田每月镜台山"（歌川广重《六十余州名胜画册》中所收）

名胜姨捨（水田映月）的指定地及景观保全地区

对于享有"天上耕耘"之称的历史文化遗产——梯田的评价

梯田是在农村生活的历史长河中培植出来的可称之为技术结晶的资产。就像它被形容为"天上耕耘"的那样，在陡坡上层层重叠的水面和支持它存在的、用块块石头垒起的石墙。从梯田背后的丰富的水源保护林，到位于山脚下的水田，巧妙构成的精巧的给排水系统。那里作为多样生物的生息地，形成了重要的生态系。这样的梯田构成要素组成的壮美的景观，可以说是在影响自然、改造自然的过程中求得生存的人类伟大劳动能力的极好证明。

从这样的观点考虑，梯田是优秀的历史文化遗产，为了将其文化价值确实地流传给后世，进行了将其指定为历史文化遗产的尝试。通过此项工作的实施，我作为文化厅的调查官员，所从事的工作开始与其文化价值的保全相关联。

将著名的赏月景点"姨捨（水田映月）"的梯田指定为历史文化遗产的尝试

最初进行将梯田指定为历史文化遗产尝试的是位于长野县更埴市姨捨的千块水田。姨捨是在面临千曲川的姨捨山北坡上展开的，面积约25公顷的梯田区域，是平安时代以来，在许多和歌中被咏诵的有名的赏月场所。同时，正如其名称字面含义所表示的那样，据民间传说，由于生活贫困，这里有遗弃老年妇女的习俗。随着江户时代后期梯田的不断建设开发，块块水田中映现的月影被作为俳句和旅行记中的题材，受到人们的关注。在与姨捨梯田邻接的长乐寺寺院内，至今仍保留有18世纪后半期的俳句碑，碑上刻有松尾芭蕉到此地出游时写下的俳句"月光下，老妪独自泣，明月相伴随"。在江户时代末期歌川广重先生所作的《六十余州名胜画册》中，也描绘了月亮映现在姨捨梯田水面中的优美风景。姨捨的水田映月是全国有名的旅游景点。

如上所述，由于姨捨的梯田作为著名的赏月场所，有着极高的文化价值，因此，在1999年5月10日被指定为国家的历史文化遗产。

以保全为宗旨的实施框架

风景名胜姨捨（水田映月）的指定地区如图所示，它是由保存有许多刻有和歌和俳句的石碑的"长乐寺寺院内"区域、使原来拥有千块水田的、由小块水田构成的梯田风景得到很好保护的"四十八块水田地区"以及更

四十八块水田与田每观音

姪石地区的梯田景观

埴市将已经弃耕的水田恢复耕作、重现良好的梯田景观的"捨石地区"三个地区构成的、面积约为3公顷的区域。为了使上述地区的周边环境能与指定地得到一体化的保护,将其设定为"景观保全地区"。在进行名胜地指定工作的同时,制定出上述三地区作为名胜指定地的保护管理基本方针、进行指定地现状变更时的标准以及包括"景观保全地区"在内的全地区的整顿建设规划。以名胜地的指定为契机,更埴市制定了《建设优美城市的景观条例》,就将来将姨捨周边的"景观保全地区"依照条例指定为景观形成重点地区等问题,进行研究和探讨。

对实施框架达成共识

上面所提到的以保全姨捨的梯田景观为目的的实施框架是在名胜地指定完成后,在有地理学、农业土木学、历史学、文学、景观学等方面的学者和专家以及当地的名曰"姨捨明月会"的保护委员会、行政方面(更埴市农政部局及更埴市教育委员会文化财部局)的有关负责人等参加的会议上,经过反复的讨论制定完成的。对如何达成历史遗产保护的共同协议有着丰富经验的(财)日本国家企业联合组织的成员也参加了此项工作,并结合该地区的整顿建设规划,多次召开专题研讨会,同当地人士进行意见交流,做了大量的工作。在这些会议上,大家分别就"姨捨梯田的根本价值是什么?"、"要将其流传给后世,我们应该做哪些工作?"以及"目前'必须做的工作'是什么?"等问题,进行了认真的讨论。

是调查官,同时又是自主经营者

实际上,在进行此次名胜地的指定之前,需要多次到该地访问,同有关人士进行充分的意见交流。在这一过程中,我做了大量的说服工作,指出"虽然将梯田指定为历史文化遗产不能成为历史遗迹保全的特效药,但是却可以成为了实现大家理想中的梯田景观,相关人士相互协作,相互支援,共同携手进行梯田景观保全工作的契机。"同时,通过参加以演剧的形式开展梯田景观保全支援活动的"家乡旅游团"的聚会活动,与农林水产省构造改善局的有关人士相识,从而,得以就姨捨梯田作为名胜地的指定以及梯田景观保全的理想状态等问题达成共识。

姨捨梯田被指定为名胜地之后,我以文化厅调查官的身份多次参加有前面提及的诸位专家参加的会议和专题研讨会,有机会就姨捨的梯田及其被指定为名胜地的意义等问题发表我个人的意见和看法。尤其是可以有机会让那些对梯田景观保全的理想状态持不同意见者以及最初对将梯田指定为历史文化遗产的有效

在自主经营制度下，进行水稻收割的场景

在"自主经营制度"下，人们在水田中进行田间耕作的场景。照片中拍摄的是我所拥有的水田中的一块，右边的2人是我的亲属

性感到担心的人们充分地发表自己的看法，这是非常有意义的事情。

"四十八块水田地区"和"姪石地区"在被指定为国家名胜地之前，就已经开始实行城里人租种梯田、进行耕作体验的"自主经营制度"。顺便说一些题外话。以名胜地的指定为契机，我有幸成为面积为40平方米的2块水田的主人。每年，从春天到秋天的这一段时间里，我和我的家人经常到姨捨来，享受农耕的乐趣。

指定名胜地的意义以及今后的课题

像这样，通过"姨捨（水田映月）"名胜地的指定，进行了力求使以往针对梯田保全所作的大量工作能够以更加丰富多彩的形式得到有效发展为目的的各项基础建设工作。特别是许多具有不同立场和观点的人，由于与"梯田的保护与利用"这样一个共同的项目相关联，大家充分发表意见，直至达到共识，同时，也使得引导大家从各自的立场出发，提出梯田景观保护的理想措施成为可能。

但是，应该清醒地认识到，目前尚存在许多需要研究、解决的课题。在名胜指定地以外，虽然在"景观保全地区"内也存在有大量的梯田，但是这些梯田逐渐地被放弃耕作，从而渐渐地失去了优美的梯田景观。以在名胜指定地所作的各项工作为开端，"梯田景观的保全范围扩展到何处较为恰当？"成为今后我们所面临的重要课题。

本中　真

生于大阪府大阪市。现任日本文化厅文化财部纪念物科主任文化财调查官。曾在日本千叶大学学习造园学。之后，在奈良国立文化财研究所从事平城宫遗址、飞鸟·藤原宫遗址的发掘调查及恢复重建工作，同时，还从事有关地下发掘遗址公园以及现在全国各地保留的古庭园的调查研究工作。调到文化厅工作后，努力从事有关作为历史文化遗产的历史景观的保护、管理和整顿建设方面的行政工作以及与世界遗产相关联的各项工作。最近，积极致力于考古发掘遗迹的整备及有效利用、梯田以及在人们生活的地方营造山的风景等的历史文化景观保护的理想状态等行政方面课题的研究和探讨。

项目名称	名胜姨捨（水田映月）保护管理规划（含整顿建设基本构想）（2000年）
所在地	长野县更埴市大字八幡姨捨
交　通	从信浓路铁道屋代站乘车大约需要15分钟左右；从长野汽车道姨捨（高速道路旁有休息和加油设备的）服务区步行5分钟（但是，从服务区不能乘车到达）

LANDSCAPE WORKS

实例 04　仲　隆裕

重现古庭园的景观

古迹・名胜　平等院庭园

构想／规划／设计／施工／维护管理／运营管理

上 ／ 明治时期的平等院庭园
下 ／ 1985年时的平等院庭园

从古庭园中得到的启迪

在面对优美的大自然时，人们往往会谦虚地注视到自己的内心世界，并谋求得到精神上的升华。人们无数次地同自然相会，它所唤起的人的思维是无限的。然而，将其作为庭园这样的空间完全地固定下来，并且，成功地被后世所继承的事例却是为数不多的。

那么，可以说，保存古庭园有着基本的意义。我们可以从古庭园中得到很多启迪。在此，以平等院庭园为例，向大家介绍我在古庭园的恢复重建工作中得到的一些启示。

人世间的净土世界　平等院

平等院是在平安时代后期，佛法衰落、无修行悟道者的"末法"时期开始的1052年（永承7年）创建的寺院。那时，正值遭遇干旱、地方叛乱接连发生、贵族社会开始发生大动荡的时期，因此，贵族们深切地祈祷，向往人间天堂，祈求极乐往生，在人世间营造阿弥陀如来的净土，念佛之事十分盛行。

创建平等院的是当时的关白（译者注：古官名。辅佐天皇的大臣，其位在太政大臣之上）藤原赖通。人们深信净土世界在西边，因此，选择在春分（或秋分）日日落方向的地方建造安置阿弥陀如来的佛堂，并且，在其周围营造风景优美的池庭。

然而，后来，园中水池的面积被缩小，建有凤凰堂的中岛的护岸形态被改变等，其庭园表现从创建当初开始逐渐有所改变。2003年平等院将迎来凤凰堂落成950周年的纪念日。以该年度为目标，宗教法人平等院在力求使平等院的庭园恢复往昔的庭园景观的同时，努力进行寺院的珍宝修理、老朽化宝物殿的重建以及防灾设施的整顿建设等各项工作。

显露容貌的平安时期平等院庭园

在由各领域的研究者组成的"平等院庭园整备指导委员会"的指导下，首先，由宇治市教育委员会进行有关确认平安时代庭园布局的发掘调查工作。调查工作历时13年。据调查结果，最初建造的庭园，在中岛的周围和对岸设有运用采自宇治川的砾石精心铺装的美丽的沙洲。水池的池底靠近凤凰堂西南侧为最高，这里的涌水积蓄到一定的高度，会分别朝两个方向流去。一股水流在尾廊附近，伴随水流下落发出的声响，从中堂和北翼廊的背后流过；另一股水流沿南翼廊静静地流淌。

中岛周围的沙洲是采用宇治川的河滩石铺装的。从石块的大小和形状来看，水流上游部位所用的石块较

呈现在人们面前的平安时期的沙洲遗迹（提供：平等院）

平等院庭园浅滩遗迹

大，且石块表面较为粗糙；而相当于下游部位的凤凰堂前面的沙洲，其铺装材料大多为扁圆形的石块，力求营造出自然的河川沙洲景观。而且，在进行铺装作业时，将燧石、砂岩、页岩等不同石质的石块搭配使用，并将素有彩石之称的红色燧石均匀地点缀其中。从以上的处理手法中，可以看出设计者独具匠心、周到细致的构思设计和巧妙的色彩处理。

在保护建筑古迹的同时，重现古庭园的景观

在根据调查结果制定整顿建设总体规划时，首先遇到的问题就是"是否将该平安时代的庭园遗迹原封不动地发掘出来？"若是做到这一点，那么，我们就可以看到真正的古庭园。然而，由于为此必须破坏残存在平安时期建筑遗迹上面的中世（译者注：在日本指镰仓、室町时代）时期的建筑遗迹，同时，包括水位在内，寺院院内的整个区域较平安时代的地面要高，所以，在降低寺院院内区域整体的地面标高的同时，还需要对其排水设施所连接的灌溉用水系统进行全面的整修。考虑到上述因素，决定对古庭园遗迹实施填埋保存，同时，在其上面忠实地再现往昔的沙洲景观。因为我在大学专门从事有关日本庭园史和古庭园复原建设方面的研究工作，所以，由我负责该项目的工程施工指导工作。当时，我马上回想起以前在藤原赖通创建平等院之前营造的高阳院庭园遗迹的发掘现场，在有关当时"版筑墙"的填土施工技法、沙洲和配景石的构筑技术以及给排水设施建设等方面，曾有幸得到平等院庭园整备委员会委员、同时又是平安时

平等院庭园整备规划平面图

第1章　保全自然的风景美和历史的景观　27

高阳院的沙洲（提供：京都市埋藏文化财研究所）

平等院庭园的整备工程。沙洲铺装的底面施工

代庭园研究先驱者的村冈正先生的具体指导。因此，根据庭园遗迹的调查资料，尽可能在材料、构思设计以及施工技法等方面忠实地再现古庭园的景观。

首先，在进行古庭园遗迹保护性填土时，采用了高阳院的版筑墙施工法，即先用人头大小的石块垒出长方形的区域，将砂质土和黏土呈层状填入并交互捣固。经过实际施工后得知，采用该施工法可以极大地增强土的压实度。

高阳院庭园的沙洲是将砾石用黏土粘敷而成的。平等院的沙洲其施工方法则更加巧妙，在采用疏置手法打入地面的砾石之间，捣入细砂砾，并在其上做砾石铺装。具有一定厚度的沙洲，其湿漉漉发光的砾石缝隙之间，导出柔和的光线，营造出无比优雅的环境氛围。由此，使我们充分地领略到藤原赖通先生在营造人间净土方面所作的精心构思。

要营造如此优雅的环境氛围，砾石和细砂砾的形状和质感是具有决定性意义的因素。但是，当时宇治川的砾石已经禁止采挖。就在此时，恰好寺院内宝物殿的重建工程与此同时施工，在其施工挖掘现场，发现了黏土层和砾石层，可以将其区分使用。该黏土与当初建造寺院时所使用的黏土基本同质。由于该黏土即使处于干燥状态，其体积的变化也很小，所以，不易产生裂纹。如果再将其进一步捣固，则遇水也难于松散，防水性能十分优越。由于在部分铺装区域，无论怎样，砾石在数量上仍显不足，遂对近畿地方一带的河川进行了调查，决定选用距此最近的熊野川的砂岩，并对石质和形状的比例进行调整，避免给人以不协调之感。

在以忠实再现古庭园遗迹为目标的不懈努力之中，可以学到很多东西。然而，令人感触最深的是如何处理同自然环境的关系问题。

从古庭园复原重建工作中得到的启示

凤凰堂位于面临宇治川的地势稍高的地方。它给我们留下的最初的印象是"这是一部颂扬西方净土的选址规划"。

该地势稍高地带为洪积世的砾石层和黏土层交互堆积形成的山体。在这里实施挖掘作业、修建池塘，并且，在余下的未挖掘之处填土堆造而成的小岛上，建造凤凰堂。沙洲的部分地方是利用该洪积世的砾石层营造而成的。庭园的水源不是来自宇治川，而是通过该砾石层涌出来的、源自后面丘陵地的地下水。也就是说，沙洲不仅是体现设计构思的庭园景观，同时也是庭园的给水装置。

平等院庭园的整备工程。沙洲的铺装

进行中的石块垒定区域内的填土工程

经过重新整备的平等院庭园

正如"阿弥陀水"、"法华水"等被作为平等院至圣的水井那样，涌出的地下水给人们带来了佛的恩惠。使对涌出的地下水的敬畏之情成为有形的东西，这或许就是平等院寺院的本质所在吧。

庭园是在一定区域的土地上营造的。也可以说，正是由于在山岳、河川，在清新的空气中存在有水，生机勃勃的动植物等堪称奇迹的、丰富多彩的大自然的恩惠，才得以存在。

保全庭园本身及支持其存在的环境，古庭园才能超越时代，向生活在现代的我们传递它的信息。

巧妙利用选址环境的规划设计，在土和石材等素材选择方面的非凡眼力，精湛的土木施工技术以及所营造出的优美世界的崇高感……所有这些都在向我们讲述着藤原赖通先生如何倾注全部心血投入平等院庭园营造工作中的情景，赖通先生的坚强意志给我们留下了极其深刻的印象。

读懂庭园中蕴含的人与自然和谐共生的美好愿望——来自庭园的启迪，与我们重新认真地审视当今人类生活的环境相关联。今后，人们将会更加关注21世纪的景观建设为我们提出的新的课题。

仲 隆裕

1963年生于日本京都市。日本千叶大学园艺学部在学期间，在沼田真先生、木原启吉先生的指导下，作为日本自然保护协会的学生志愿者工作人员，参与了环境教育规划方面的工作，对人与自然的相互关系问题怀有极大的兴趣。大学院毕业后，在京都市文化财保护科担任有关纪念物方面工作的技师，主要从事古庭园的发掘调查以及古迹的环境整备方面的工作。在山中造园工作期间，参加了古庭园修复项目的具体工作，同时，在千叶大学园艺学部、京都艺术短期大学从事日本庭园史方面的研究及教学工作。现任京都造型艺术大学环境设计学科副教授、日本庭园研究中心主任研究员，专心致力于以古庭园的修复为核心的城市自然生态环境的再生和国际文化交流方面的工作。农学博士。

项目名称　古迹·名胜平等院庭园保存整备工程（沙洲的整备）
所 在 地　京都府宇治市宇治莲华116
竣工时间　2003年
委托部门　宗教法人平等院（文化厅国库补助事业）
技术指导　古迹·名胜平等院庭园保存整备委员会
施工图设计　空间文化开发机构等
沙洲整备设计·施工指导　京都造型艺术大学日本庭园研究中心
施　　工　花丰造园/平安林泉/寺崎造园等
交　　通　从JR宇治站、京　宇治站步行8分钟

LANDSCAPE WORKS

实例 05 福成敬三

构想
规划
设计
施工
维护管理
运营管理

生活聚居地附近山野风景的再生与管理

武藏岚山溪谷

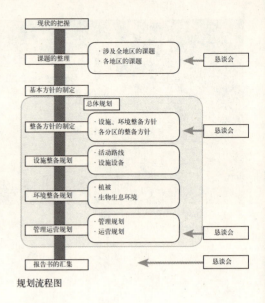

规划流程图

再现关东平原上难得的昔日风景

"武藏岚山"这一名称源自1928年时作为日本林学的奠基人、日比谷公园的设计者而被大家所熟知的本多静六博士在应邀进行现场踏勘时所发出的由衷感叹。后来，在《朝日新闻》上撰写的介绍文章中，证实了这一点。文中写道：历经百年沧桑、松木亭亭耸立的松林，从数十尺高的岩头上倾泻而下的、洗刷白砂的清澈流水，拍打两岸岩石、水花飞溅的激流……，眼前的情景，使人感觉仿佛置身于京都岚山之中。令人情不自禁地发出由衷的感叹"这里是武藏岚山！"就这样，"武藏岚山"成为这里的名称。毫无疑问，这里也是关东平原少有的风景胜地。"而且，由于当时的实业家收买大片的土地，自己投资修筑道路，在风景区的核心位置修建豪华漂亮的日式饭店，这里作为在首都圈范围内可以当日往返的旅游观光地，吸引了众多的游客。最兴盛的时期，年游客量可达100万人次之多。然而，由于在第二次世界大战之中这里被作为小学生疏散的场所，日式饭店在1981年时被烧毁，河流遭受污染，受松树象鼻虫等害虫的危害许多松树已经枯死等因素的影响，人们不再到这里游玩，这里成为被闲置的、杂草丛生的地方。1997年，当地的岚山町政府决定以取得作为埼玉县"绿化委托保全第3号地"的武藏岚山溪谷周边林地的部分地块为契机，将其周边的地块同时取得，并在此进行武藏岚山公园的建设。

1997年5月，岚山町政府将编制武藏岚山周边林地总体规划的业务委托给我们会社。规划对象地区为包括构成岚山溪谷的槻川和隔河相对的大平山与盐山在内的约100公顷的用地范围。至1998年3月，我们分别召开了4次有地区居民代表、负责自然会运营工作的志愿者团体的成员以及岚山町都市规划科人员参加的悬谈会，进行规划前期的准备工作。

反复踏勘，反复思考

由于我们对规划对象地区的状况不十分了解，因此，多次深入现场，在甚至连道路也没有的规划对象地及其周边地区进行实地调查。并且，在查阅大量岚山町的历史资料及相关的文字记载等文献资料的同时，向参加悬谈会的人员进行调查咨询，听取岚山町教育委员会负责博物志编纂工作的有关人士的意见，努力了解和掌握地区的情况。"如今，像这样进行现状调查的会社真是太少了！"虽然，我们的工作得到了以旁听者身份参加悬谈会的县政府职员的令人感到莫名其妙的表扬，但是，即使是景观设计方面的专家，对于初次接触的规划对象地区，也是一无所知。进行认真、细致的现场调查是有效地利用现有环境资源的不可缺少的一环。

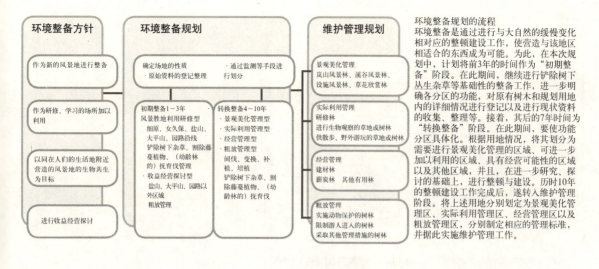

环境整备规划的流程

环境整备是通过进行与大自然的缓慢变化相对应的整顿建设工作，使营造与该地区相适合的东西成为可能。为此，在本次规划中，计划将前3年的时间作为"初期整备"阶段。在此期间，继续进行铲除树下丛生杂草等基础性的整备工作，进一步明确各分区的功能，对原有树木和规划用地内的详细情况进行登记以及进行现状资料的收集、整理等。接着，其后的7年时间为"转换整备"阶段。在此期间，要使功能分区具体化。根据用地情况，将其划分为需要进行景观美化管理的区域、可进一步加以利用的区域、具有经营可能性的区域以及其他区域，并且，在进一步研究、探讨的基础上，进行整顿与建设。历时10年的整顿建设工作完成后，遂转入维护管理阶段。将上述用地分别划定为景观美化管理区、实际利用管理区、经营管理区以及粗放管理区，分别制定相应的管理标准，并据此实施维护管理工作。

按自上而下的顺序。经过重新整修的、可满足游客亲水需求的溪谷的水面/以溪谷两侧浓浓的绿色为背景的广场 阳光透过枝叶洒在林间小路上。游人在其间散步

在已经基本掌握规划对象地区现状的基础上，对在编制规划时需要研究解决的课题进行归纳和整理。其中，涉及到全规划对象地区的问题有：同上位规划的关联及其在大范围地区的定位、与个别地区的地区定位的关联性、规划地区外部与内部的人流线、有效利用的理想方式以及管理运营形态等等。涉及到各规划分区的问题有：不同林地的理想状态及日后管理、个别的利用形态等。

如何有效地利用现有的场地条件

接下来要做的工作就是确定解决上述问题的基本方针。设计时，首先遇到的问题就是在充分体现武藏岚山溪谷自然特征的同时，应该对其周边的林地进行怎样的处理。从自然、环境保护的角度进行大致划分，考虑有两种设计方案。其一就是尽可能地排除人为施加的影响，依靠大自然自身的力量，实现林地的维持与发展（绿化委托保全第1号地、第2号地基本上是采用此种做法）；其二就是施加人工影响，使其转变（指植被等的变化）停留在某一阶段，或者使庭园等持续保持人为营造出的理想的状态。在此，我们建议采用以后者为基本思路的设计方案。该规划用地过去曾经是为人们提供苫屋顶用芭茅草的草地和农田。并且，由于这些行为的存在而得以维持的、只有岚山溪谷才拥有的红松和溪谷的优美风景，正是深受游客喜爱之所在。因此，我

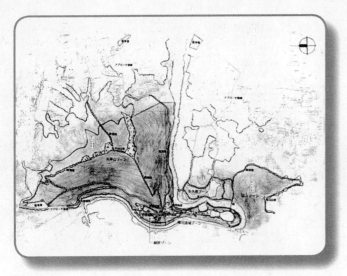

规划平面图

们认为，采取恢复以红松为主体的植被的形式进行风景的保全，也正是大家所希望的。

然而，由于在生活方式方面已经发生了很大变化的现代社会，没有人再去采集芭茅，所以，为了实施以红松为主体的景观环境的保全，需要花费人力，进行长期的维护管理工作。对于管理所需费用依靠公费支持一事也存在着赞成与反对两种截然不同的意见。因此，我们提出将规划用地作为以推进自然、环境的保全为目标的志愿者工作人员的培训场所、进行研修活动的实践场所、或者作为研修活动结束后开展志愿者活动的场所，以此种形式实施具体的景观环境的保护与管理。此前，像这样的志愿者工作人员的培训多是采用在室内集中学习的方式进行，缺乏进行实际管理实践的必要场地。将其作为行政方面与当地志愿者团体共同协商进行志愿者工作人员培训的场所，恰好同致力于作为日本国蝶大紫蝴蝶生息环境的森林的整备、积极倡导热爱大自然、同大自然亲密接触的岚山町政府的态度相吻合。希望将来通过必要设施的导入，使这里在可以开展包括实际体验在内的研修活动的同时，也能够成为收集和研究萌芽更新、植被迁移以及动植物变化等资料的场所。复苏曾经是风景胜地的岚山溪谷的风景，当地的居民一定会为此感到骄傲和自豪。同时，也可以通过人与自然共同创造出的岚山溪谷周边的大自然景观，告诉将要撑起岚山町未来的孩子们，自然和风景的美好以及与人们交流的重要。

如何实现规划的设想

如果已经确定这样的设计思路，那么，其后要进行的工作就是力求使作为研究课题的设施和人流线（散步道等人的移动路线）的设置具体化。研修用建筑和仓库等设施在曾经是日式饭店庭园用地的地方集中布置，尽量减少进行新的土地开发整理。在原日式饭店遗址、具有良好观景效果的地方建设观景设施。汽车原则上不能进入规划用地内，在规划用地周边的地方设置停车场。一般来说，像这样的整顿建设项目多采用一次建成的处理手法，但是，基于与在人们生活栖息地附近营造风景地的生物共生的设计理念，我们提出在对规划对象地的自然生态环境实施监测的同时，按照初期整备、转换整备等阶段，用10年左右的时间，完成规划对象地的整顿建设工作。其后，遂进入维护管理阶段。同时，我们还设定了各阶段的具体作业内容。作为管理运营规划，提出了包括与诸多组织和当地居民等相关联的管理运营组织和收益事业等管理运营活动的基本设想以及各实施阶段设施整备和环境建设所需费用的基本概算，并且，整理出可满足志愿者参加的整备工作的内容。对于以槻川为行政区界的岚山溪谷来说，河对岸村庄的林地保全也是运营管理

前来参加"绿化日聚会"活动的人们正在进行铲除树下杂草的活动

从溪谷处眺望在日式饭店遗址上建造的观景设施

工作中不可缺少的一项内容。同时，还需要进一步改善流经市区的河水水质。希望从县行政的角度能够切实做好此项工作（因为风景是没有分界线的）。

虽然，在根据规划分阶段进行建设的武藏岚山溪谷周边的林地中，作为相应的配套设施，现在只设置了观景台、洗手间、散步道以及安全栅栏等设施，但是，由于生长在散步道周边的矮竹和树下丛生的杂草等被适当地间伐和铲除，树林中显得十分敞亮。有许多游客到这里来游玩，同时，还可以经常看到东京的一些团体与当地志愿者团体一起，共同开展除草的活动。

从事景观营造工作的快乐

一次，在我应邀参加的报告会上，碰巧到会的岚山町都市计划科的职员对我所提出的：重要的是要有"高明的见解"、"开阔的眼界"、"长远的目光"，要"读懂场地"、"有效地利用场地"这一观点表示赞同。这也成为日后我们被委托承担该项目的开端。这在多是以能否低报价受托的投标方式决定项目技术顾问的当时，是多么令人高兴的事情。在从事景观营造工作的过程中，我时常在想，当你与相关的人员一起，共同探讨如何营造能够被许许多多的人，甚至被将来的人们所喜爱的场所，并且，从专业技术人员的角度提出自己的见解，提供相应的技术，且日后被付诸实施的时候，你会从景观营造工作中获得快乐（虽然，利用非法丢弃的冰箱、洗衣机建造表现20世纪环境意识的纪念物的想法未能实现）；当你重新来到曾经进行建设的地方，与迎面走来的许多人互致问候的时候，你同样会感到景观营造工作带给你的快乐。

福成敬三

生于日本东京都。东京大学大学院农学系研究科博士课程中途退学。在绿地建设会社取得一定的现场工作经验后，成立了主要从事规划技术咨询业务的Foresight公司，担任董事长、总经理。技师，树医，一级造园施工管理技师。参与一造会（全国一级造园施工管理技士协会）、日本景观研究会等组织的成立工作，并且，在日本造园学会等各相关团体内担任理事、委员等职务。对涉及诸多领域的景观营造工作有着独特的理念和见解，在努力从事景观营造工作的同时，积极进行活动，力求提高景观营造工作的社会影响度。东京大学大学院农学生命科学研究科外聘讲师（环境设计特论）。

项目名称	武藏岚山溪谷
所 在 地	埼玉县比企郡岚山町
委托部门	埼玉县比企郡岚山町
总体规划	Foresight公司
交　　通	从东武东上线武藏岚山站步行30分钟

■历史造园遗产　1

国立公园制度的诞生

运用相关制度进行风景的保全　田村刚

西田正宪

风景的重新整合与国立公园的诞生

人们对于风景的认识和理解随着时代的发展会不断地产生变化。在江户时代，有被人们称为日本三景和天朝十二景的优美风景。在《山水奇观》和《名山图谱》等书中，可以看到各地的奇观、真景这样给人以新鲜感的自然景观。明治时期，受到西欧文明的影响，人们对风景的认识和理解发生了戏剧性的变化，山岳、森林、湖沼等自然景观被人们所赞赏。志贺重昂先生所著的《日本风景论》、国木田独步先生的小说《武藏野》等就是有代表性的事例。尾濑、上高地、十和田湖奥入濑等处的风景受到人们的青睐就是从那时开始的。也可以说，从那时起，日本的风景开始被人们进行重新的整合。这一变化与1931年（昭和6年）国立公园法的制定和1934年（昭和9年）至1936年（昭和11年）间日本最初的12处国立公园的诞生有着直接的关系。

从明治后期开始，人们对于风景的评价，不仅从文学、美术的角度进行评述，而且还开始使用地形、地质、植物、自然现象等自然科学方面的词汇。国立公园就是在这种新认识的背景下诞生的。然而，对于国土面积狭小、人口相对稠密的日本来说，在国立公园的实际指定工作中，存在着许多的困难。原本，国立公园是以美国、加拿大、澳大利亚和新大陆（译者注：特指南北美洲、大洋洲）的广阔的大自然为指定对象的。日本国立公园的诞生，需要建立日本特有的制度。

田村刚先生主持创立的国立公园制度

田村刚先生（1890～1979年）在理念和实际操作方面都起着核心的作用。田村刚先生生于仓敷，曾在东京帝国大学从师于本多静六教授。他作为林学博士、日本内务省特约顾问、国立公园协会的常任理事，在国立公园领域中始终发挥着积极的作用，被人们誉为"国立公园之父"。获得庭园营造方面的博士称号，而后著有庭园方面著作的田村先生，在1918年所著的《造园概论》一书中，已经谈及一些美国国立公园方面的问题。从1923年开始，通过历时约1年半时间的欧美各国考察，对国立公园的问题有了更深刻的思考。在1925年所著的《造园学概论》一书中，介绍了有关世界各国造园方面的情况。

田村刚（提供：国立公园协会）

虽然，后期田村刚先生喜爱大海的风景，但是，在当时却是重视山岳风景的。他执著追求的不是"日本三景"等传统的风景，而是使人们感动的、给人以新鲜感的大自然的风景。尽管田村先生38岁时因船的事故被截去了一只脚，但他还是乘坐轿子进行详细的现场调查。田村先生通过决定国立公园区域的具体的境界线的划分，使得新鲜的自然风景在日本得到公开的承认，并且被人们所关注。从没有被许多的请愿、意见和陈情所困惑，将连贯的风景作为国立公园选出的背景中，可以充分地领略到田村刚先生认真、严谨的工作作风。

进行大范围自然风景的保全

日本的国立公园是根据以地形、地质为基础进行评价的风景形式并将国家公有地和私有地均作为指定范围的分区制这一日本独特的制度设立的。从造园学的角度来说，强调"在什么地方？看到怎样的风景？"这样的视点和视觉对象的关系，受到当时旅游观光潮流的影响，同时，也特别考虑到公园利用方面的问题。也可以说，正是由于在考虑到公园利用方面问题的同时，将人们喜爱的风景作为国立公园，使得同历史文化遗产不同的、涉及大范围地区的、大规模的自然风景保全制度的实施成为可能。有了这样的基础，此后进行的国立公园的建设，多倾向于重视生态系的自然保护，开始将湿地、亚热带森林、珊瑚礁等纳入国立公园的风景之中。在自然环境的保全以生物多样性的保全为目标，对风景进行重新构筑的今天，国立公园作为多样的生态系、生物物种、遗传基因的宝库，作为人类同优美的大自然亲密接触的场所，显得越发的重要。

濑户内海国立公园第1次指定区域（1934年）。明确地确定视点和视觉对象，决定指定区域。指定区域仅限于备赞濑户，较现在的区域范围要小。

日本28处国立公园指定年代一览表

时期		指定年月日	国立公园
战前	1934年（昭和9年）	1934.3.16 1934.12.4	濑户内海、云仙（天草）、雾岛（屋久） 21阿寒、大雪山、日光、中部山岳、阿苏kujyu（くじゅう）
	1936年（昭和11年）	1936.2.1	富士箱根（伊豆）、十和田（八幡平）、吉野熊野、大山（隐岐）
战后	1946～1954年	1946.11.20 1949.5.16 1949.9.7 1950.7.10 1950.9.5	伊势志摩 支笏洞爷 上信越高原 秩父多摩（甲斐） 磐梯朝日
	1955～1964年	1955.3.16 1955.5.2 1962.11.12 1963.7.15 1964.6.1	西海 陆中海岸 白山 山阴海岸 知床、南阿尔卑斯山
	1965～1974年	1972.5.15 1972.10.16 1972.11.10 1974.9.20	西表 小笠原 足摺宇和海 利尻礼文SAROBETSU
	1987年	1987.7.31	钏路湿地

注：括号中的地名为后来追加的。

年轻时的田村刚先生在瑞士的国立公园内的留影
选自田村刚1926年所著《登山随想》一书

按自上而下顺序。阿寒国立公园的雄阿寒、雌阿寒（提供：广野孝男）/中部山岳国立公园上高地（提供：广野孝男）/濑户内海国立公园备赞濑户/阿苏KUJYU国立公园阿苏山

西田正宪
1951年生于京都府。京都大学大学院农学研究科硕士毕业。曾任日本环境省国立公园管理官员。现任奈良县立大学地域创造学部教授。主要从事风景论方面的研究工作。人类如何感受风景？通过旅行记、绘画等资料，进行有关风景观的变迁等课题的研究。主要著作有《濑户内海的发现》（中公新书，1999年）等。

第1章　保全自然的风景美和历史的景观

第2章

形成丰富的生活风景

形成作为日常生活场所和背景的风景是营造丰富多彩生活的一项重要工作。形成地区特有的富于个性的风景、成为在地区生活的人们的生活据点、增强人们对本地区的热爱和归属意识、为人们提供更多的同自然接触的机会，这也是景观营造工作的最根本的目的。这不外乎是城市规划、地区规划方面的工作。

在进行山村景观营造工作时，在继承和发展各个地区的历史和第一产业创造出来的个性化风景、为地区居民提供可以更进一步地了解自己生活所在地的机会的同时，谋求个性化的景观，力求使本地区成为以城市地区为中心的地区以外的人们旅游观光的场所。虽然以前是通过从事农林业等第一产业实施地区自然管理的，但是现在我们也需要考虑以这样的景观营造工作的本身为目的，实施自然地的管理。

另外,在城市地区,运用绿化手段,形成街道的象征和骨架;以自然为基础,促进街道社区的形成等也是景观营造工作的重要方面。尤其是在进行像由近代诞生的"田园城市"发展兴建起来的新城那样的、新街道建设的场合,景观方面的表现更是起着重要的作用。就像从大正时代到昭和初期倡导建设"花苑都市"那样,人们也提出了进行住宅示范区建设的提案和设想。进行这样的作为生活场所的景观营造工作,需要注意不依据偏颇的看法和技术,并且从有关新景观提案的观点出发,同建筑和土木工程等诸多领域的人士共同协作、开展工作。现在,这样的景观营造工作的事例在不断地增加。

LANDSCAPE WORKS

LANDSCAPE WORKS

实例 06 猪爪范子

构想
规划
设计
施工
维护管理
运营管理

充分发挥农村风景和资源优势的可持续发展地区的建设

由布院温泉

由布院盆地

从事城市建设工作的体会

在全国屈指可数的温泉观光城市别府的背后是有着乡土气息的、如同世外桃源般的由布院盆地。如果在这里的任何地方进行挖掘，都会有热水从地下涌出。充分利用这一良好的地质条件，从1960年代开始，着手进行以有别于毗邻的别府为目标的地区开发建设工作。现在，每年约有400多万人到此观光游览。我同由布院温泉结缘是从我受当地观光业人士之邀、担任观光协会的事务局局长时开始的。在东京工作期间，我已经从事了10年有关旅游观光和地区规划方面的工作。工作的内容并不局限于造园和旅游观光方面，而是涉及开始被人们称作"城市建设"和"农村振兴"等诸多领域的工作。例如，在进行规划设计时，必然要涉及福祉、教育、产业振兴等方面的课题。我与由布院的缘分就是在进行这样的城市建设工作中开始的。

我日常工作所在的观光协会办公的地方是地区居民活动的中心地，因此，平时主要负责处理与地区居民相关的事务。但是，因为我办公的地点就是町（镇）公所所在地，所以，不仅可以了解到与观光活动相关的居民活动的情况，而且，还可以观察到町（镇）公所来访居民的各种动态，甚至各种行政意图的决定以及接待来访者和处理问题的方式等方面的情况。

在现场，你可以感受到在那里生活的人们之间各种关系的错综复杂。因此，完全照搬以前在书本上学到的东西处理问题是行不通的。同时，也进一步地懂得宣传、倡导一个正确的答案、并运用其解决问题的困难程度。随着在地区中各种实践经验的积累，我深切地感觉到要进行更好的选择，并对各方主体间的关系进行有效的调整，不仅要进行规划方案的设计（规划和相应对策

从1970年代开始，积极举办有关招牌、广告牌等有序设置的设计竞赛，并据此进行实施方案的设计

地区居民自主召开有关地区规划设计方面的会议，并在店铺前留出充裕的空间，实施绿化

的制定），同时，重视协调与配合（调整和说服工作）的新职能也是其中不可缺少的一个方面。

我在由布院虽然只工作了不足两年的时间，但是后来只要有机会我都要到现场去，或者与在东京等地的与该项目相关的人士接触，说起来就像是在做定点观测那样，对由布院的建设、发展状况继续进行仔细、认真的观察。当然，通过在由布院的工作实践，我自身的工作方式也发生了改变，更加重视现场工作以及各方面关系的协调。因为，在某种程度上了解行政方面的实情，所以，即使是对一些正式的在同类问题上普遍采用的观点，也会保持冷静的头脑，从地区居民看问题的角度出发，对其进行批判性的思考。

生活观光地的风景

由布院温泉位于远离海岸线、深入陆地20多公里的高原地带。在被人们称为"丰后富士"的风景秀丽的由布岳山麓，有一座鲜为人知的、拥有地热温泉的美丽的小村庄。1960年代，在开辟新的旅游观光道路之前，这里还是封闭、贫寒的乡村。拥有由布院温泉的汤布院町有着作为以农林业为基础的农村的悠久历史。与之相邻的别府由于拥有面临濑户内海、地理位置优越、气候温暖宜人等有利条件，在大正时期，关西和筑丰的财界人士纷纷在这里建造豪华的别墅。很早以前，这里就以疗养城市而著称。到了1960年代，战后复兴阶段基本结束，日本的经济开始复苏，同时，也迎来了大家都出门旅游的"大众旅行时代"。别府温泉的经营者利用以前的知名度和积累的资本，谋求将经营的方向朝面向大众的大型温泉度假区的方向转换，其高峰时的年游客住宿人数将近1000万人次。以热海、伊东、箱根为首的日本温泉度假区，在那个时代，走的都是同一条路线，沿着不断上升的经济成长路线，旅馆规模也日趋扩大。

1960年代中期，由于横跨九洲中部地区的新道路的建设完成，由布院温泉逐渐摆脱了不利的交通条件，但是，其并没有去迎合已经经营多年、且有一定知名度的别府。而是将别府作为反面的教员，进行积极的探索，努力挽回后来者的劣势。在当时的别府，设有大量的抚慰男性团体客的设备，并提供相应的服务。这些与地区的自然、历史以及人们的日常生活并无关联。在初期的"不要进行像别府那样的城市建设"这一口号中，有着珍惜自然、不搞大型化住宿设施、追求与原来的地区空间和生活联系密切、不产生冲突的理想状态的含义。"生活观光地"这一景观清楚地体现出这一点。

现在，日本全国旧有的温泉度假区正处在从追求数

当地居民呼吁保留原风景牧野的运动

量到追求质量的艰难的转变之中，由布院温泉度假区始终保持良好的集客状态，或许，根本原因就在于其建设的出发点。实际上，我来到由布院工作也是因为对由布院始终坚持的地区建设开发方向怀有一定的共识。也许是有着从事造园工作背景的缘故，在进行各地区的规划设计时，总是担心由于旅游观光项目的开发，会破坏那里丰富的自然景观和当地居民独有的生活方式。

以开展活动的形式进行旅游观光地的开发

在东京举办奥林匹克运动会的1964年，贯穿九州的道路修建完成，人们对由布院温泉的关注程度也随之不断地提高。其结果，在村落和农田外侧的广阔高原上，集中进行高尔夫球场、别墅区和野生动物园等设施的开发与建设。人们对支持这样大型开发行为、率先将町（镇）有土地有偿转让给开发业主的町（镇）行政部门批评的呼声日益高涨。当时，当地居民自发组织的反对开发行为的运动频繁发生。

当初，对自然遭受破坏的危机感迫使人们采取行动，但是，在活动进行的过程中，人们开始对农业问题进行认真的思考。他们考虑，以放牧为主的畜牧业衰退、已经失去农用地使命的原野是进行旅游观光开发的理想地块。这样，要阻止原野地块的有偿转让，就必需恢复从前的土地利用状况。使城里人成为牛的主人、农家恢复草原放牧，这样一来，就兴起了保全由布院盆地牧野风光的"一头牛牧场主活动"。作为此项活动的延伸，尝试举办使城里人与从事畜牧业的农家相互交流的"美味牛肉大会"。这样的活动在日本也是初次举办。参赛者将当地产的牛肉在野外进行烧烤并食用后，进行大声叫好竞赛。虽然此项活动十分有趣，颇有新鲜感，被人们广为宣传，但是，其基本主旨是将"只有同农林业等当地的原有产业紧密结合、才能够实现扎根于地区之中的可持续发展的旅游观光产业振兴"这一设想具体展开的行动体现。至少，对此我是这样总结的。

此后，像这样的摸索实现产业间联合的活动同旅馆的厨房与农户建立直接的联系、农家自身打开农牧产品的市场销售渠道、抓住企业化机遇等活动相关联。同时，对于提高由布院地区的知名度也做出极大的贡献。

以欧洲、特别是德国的温泉疗养地为模式构思的活动方案，通过音乐节、电影节等文化娱乐活动的导入而得以实现。在乡村的小镇上举办只能在城市才能举办的音乐会，在连一家电影院也没有的小镇上举办可以欣赏到自己喜欢的电影的电影节等，这些规模小、质量高的文化娱乐活动受到大家的一致好评。现在，依然继续支

上／农村的原风景
下／别墅和旅游观光设施散布于农田之中的现在的风景

持那些自称为"由布院怪客"的游客的活动。

回顾由布院温泉四十年的发展历程，使我了解到有大量的、涉及诸多方面的工作并不一定能够完全体现在通常的旅游观光开发规划之中。例如，自然环境保护、自产自销（当地的产品在当地消费的经济结构）、田园居住环境的舒适性、开放的社区（通常面向地区内部的旧有形式的地区社会向外部开放）等。在活动中起着核心作用的中坚人物也从曾提出深刻问题的第1代人向其后代的方向转移。然而，在通过急剧发展取得成功的同时，也凸现出它所带来的新问题。

农村的旅游观光地区化是以由那里拥有的资源以及生活在那里的人们两者所培植的风土、文化为基础，以各种各样的形式进行建设和开发，他对地区会产生复杂的影响。在此，重要的问题在于进行怎样形式的旅游观光地的开发不会有损当地居民的生活，不会对多年来形成的生活方式、地区文化以及环境等造成不良的影响。我所追求的主题之一就是创造出使可持续发展的农村理想状态成为可能的旅游观光地区化

的设计手法。在这一点上，由布院温泉度假区的发展轨迹给予我们许多的启迪。

猪爪范子
生于东京都港区。东京农业大学造园专业毕业。而后就职于日本观光协会调查部，数年后退职。在其后的一段时间里，受当地旅游观光业人士邀请，担任由布院温泉观光协会事务局局长。同时，获得多项科研课题的资助金，并且，参与大分县的"村镇振兴"运动以及地区综合研究所的创建工作。以后，同全国各地的自治团体和居民活动组织共同协作，进行城市规划的编制和实施方面的工作。1999年完成以由布院温泉为研究对象的"农村旅游观光区化进程研究"课题的研究工作，并获得学位。经过公开招聘，现在担任广岛市政府企划总务局特别任命的理事。

所 在 地　大分县大分郡汤布院
交　　通　JR由布院站

第2章　形成丰富的生活风景　41

LANDSCAPE WORKS

实例 07　南 贤二

保护、培育日本的原风景

群马县新治村

构想
规划
设计
施工
维护管理
运营管理

景观建设指导方针举例：小规模桥梁的设计指南

农村景观整备的目的

群马县新治村位于群马县与新泻县的交界处，背靠谷川连峰，人口约7800人。村内的标高从大约400m至谷川连峰的2000m高的山脊棱线，气候寒冷。因此，村里的农业生产无论是从地形方面，还是从气象方面，都面临着严峻的条件。

村里的产业以农林业为主体。但是，从1950年代开始，充分利用村内温泉资源的旅游观光业逐渐活跃。并且，从1970年代时开始，取代业已衰退的养蚕业，致力于有效利用引进的苹果树等的果树园艺以及村内的古迹、石佛等资源的绿色旅游观光项目的开发，这在日本国内也是起步较早的。旅游观光业与农业一起，作为重要的产业得到积极有效的扶持。

1987年根据国家综合疗养地整备法，该村的部分地区被指定为旅游度假区。因此，在防止村内无序开发行为发生的同时，为了保全作为绿色旅游观光基础条件的优美的农村风景，1990年制定了景观条例（有关保护、培育优美的新治风景的条例）。

为了吸引城里人到农村来度假，保全可称之为日本人心中原风景的优美的农村景观是不可缺少的必要条件。同时，他也是新治村的人们满怀对自己家乡的自信和豪情、努力建设更美好家园过程中的、起着重要作用的措施和对策。但是，同西欧相比，现代日本的城市和地方的景观在各景观要素的协调与配合方面尚存在不足。而且在全国的许多地方都可以看到失去地区个性、表现雷同的景观设计作品。像这样，在对地区固有景观的重要性和景观的公共性认识不足、旨在进行景观保全诱导的运作体制同欧美各国相比尚不十分健全的日本，进行景观整备事业，决非轻而易举的事情。

努力进行景观整备工作

在新治村景观建设项目中，我作为承包地区规划编制工作的技术咨询负责人、专心致力于新治村景观整备项目研究工作是从制定1992年的景观规划开始的。在此前的景观条例制定之前，我的上司负责该项目的工作。

1992年以后，为了使景观条例的理念在新治村成为现实，保全优美的农村风景，我同我的部下一起多次与行政方面的有关工作人员进行讨论，并采取以下对策和措施：

1. 景观规划

农村的风景主要由"农田"、"农村村落"以及村庄背后的"山林"构成。为了进行村内各地区的景观诱导，我们首先根据村庄的地形条件、自然条件、历史景观的特点以及土地利用状况等因素，进行景观分区的设定，并制

分发给村内各户村民的、以村民为宣传对象的新治型住宅宣传册及新治型住宅建议方案

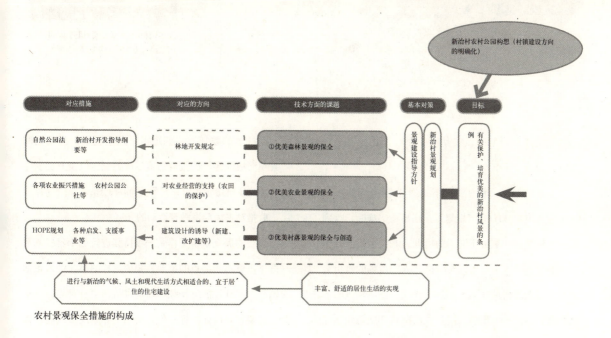

农村景观保全措施的构成

定出明确各景观分区整备方向的"景观规划"。

2. 景观整备指南

我们在编制景观规划的同时，制定了汇集有事业者和设计者在进行村内各地区的住宅用地整理以及水路、道路、挡土墙和桥梁等的整备、或者进行以景观美化为目的的道路沿线绿化的场合，应该特别加以考虑的基本必要条件等内容的"景观整备指南"。同时，还协助组织并参加了以使广大村民和各种工程的相关人员了解其内容为目的的"景观整备研讨会"。

3. 村落景观的诱导方案

农村的景观整备，尤其是村落景观的整备，由于需要在与多数居民达成协议后，才能实际进行私人建

为住宅建筑技术人员编写的有关新治型住宅宣传册

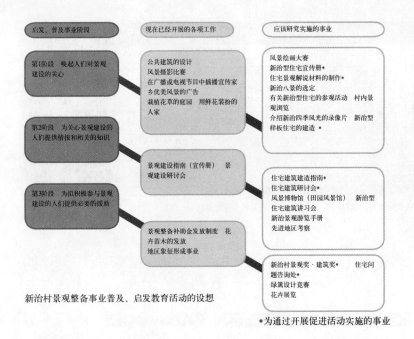

新治村景观整备事业普及、启发教育活动的设想

*为通过开展促进活动实施的事业

以年轻村民为对象编写的、汇集有住宅建设方面基础知识的宣传册

筑的景观操作，所以，在具体操作时，往往会遇到很多的难题。

为此，我努力促使该村导入作为国家援助事业的地区住宅规划（HOPE规划）。在事业实施时，得到了县内的建筑设计事务所的大力协助。我们组织召开了有当地的建筑师、工务店以及木匠艺人等参加的研讨会，就适合于新治村地区风土的住宅样式、住宅建筑的形态（外观）以及宅地围墙、门等外部结构的理想状态等问题进行认真的探讨。具体来说，我们在对村里大多数的传统住宅建筑和近年来新建住宅进行调查、归纳整理出与建筑外观相关的景观诱导指南的同时，在住宅的内部装修方面，也引进了有关考虑到现代生活方式、对地球环境的影响以及安全性、私密性等方面的相关技术，总结概括出适合新治村气候特点、地区风土的、通称"新治型住宅"的建筑基本样式。并且，将其制作成分别以村民和住宅建筑技术人员为对象的、两种不同形式的宣传册，分发给村民和相关事业者，并就此召开说明会。与此同时，作为对考虑到与地区传统的养蚕型住宅的样式相协调的住宅奖励措施，在村里整顿建立了针对屋顶和外墙的形式改变和重新涂饰、或住宅改建的补助金发放制度。

受村里的委托，我们进行了以景观条例为依据的"景观形成地区"的景观形成标准的制定以及有关新建住宅区的建筑协定内容探讨等方面的工作。

4.推动各项启发教育活动的开展

景观的保全整备工作是一项持续进行五十年、甚至一百年也看不到终点的事业。要使这样的事业纳入正常的轨道，并且，能够持续不断地进行下去，首先，在早期就需要做好前面所提到的景观条例和景观规划建设指南、或住宅建筑景观的诱导方针等基本对策、措施的制定工作。而且，为了进一步提高全体村民的景观保全、景观创造的意识，使景观整备事业取得更理想的实际效果，需要坚持不懈地开展各种形式的启发教育活动。

根据新治村以前开展启发教育活动的实际情况，我将启发教育活动整理划分为上图所示的三个阶段。在这十年的时间里，尝试开展了各种形式的启发教育活动。如果能够投入一定的人力和资金，那么，启发教育活动将会是一项颇具吸引力的活动。但是，一个小小的村庄每年都要向不能很快见到成效的启发教育活动投入资金，并不是一件容易的事情。为了将此项活动长久地开展下去，必须努力想方设法摸索出能够以最小限度的政府财政资金，获取最大活动成果的对策和措施。

由当地村民（住宅和宅地周边的围墙、门等外部结构以及水路等的维护管理）和地方行政（道路、水路的整顿建设以及电线杆的重新设置等）共同协作进行景观整备事业的、村内的聚落景观

随着时间推移而显现的成果

新治村的景观整备从论证阶段开始，已经走过了14年的历程，我参加该项目的工作也已经十年了。在这期间，初期新治村的景观变化（提高）甚微，但是，在十年之后的最近三、四年的时间里，在村内的许多地方都可以见到新建的新治型住宅建筑，在曾经为驿站的部分地区，也进行了包括电线杆重新架设等在内的景观整治工程，村内的景观发生了显著的变化。景观整备的成果逐渐呈现在人们的面前。来此旅游观光的游客对村内景观的评价日渐提高，村民的景观意识和对景观美化、绿化事业的参与意识也得到不断的加强。

从工作中获得的喜悦和自信

地区规划技术顾问的地位和作用，归根结底，就如同歌舞伎出演者背后的辅助人员，其主要使命是为在前面舞台上演出的当地居民和地方行政提供演剧的脚本和搭建演出的舞台。但是，在演剧和电影拍摄的世界中，其幕后也有诸如舞台监督、导演和灯光师等方方面面的人员在辛勤地工作。这些人在自己的工作岗位上，最大限度地发挥自己的专长，并从中获得工作的快乐。同样，我们在为了充分地发动7800位村民参与村镇建设和景观整备事业而进行的脚本创作和舞台搭建的过程中，

可以真切地感受到工作的价值和人生的意义。五十年、一百年……即使在初期阶段并不能见到显著的成效，但是，如果在第一幕和第二幕的幕间，能够得到来访者（观众）和村民（舞台上的演员）的好评，作为一名规划工作者，将会从中获得极大的喜悦和自信。

南　贤二
　　1953年生于东京都中野区。东京农业大学农学部造园专业毕业，而后进入LAC规划研究所工作，现任该所的董事长。主要从事旅游疗养地规划、地区振兴规划以及与之密切相关的规划领域的绿色旅游观光规划、景观规划、环境规划、生态园区规划、展示设施规划等等。在景观建设领域，从1970年代后半期开始，在进行与居住区景观、道路景观、土木设施景观、公共设施间的景观以及农村景观相关联的一系列景观整备指导方针制定的同时，还从事以实现规划为宗旨的"规划管理"工作。

项目名称　　新治村农村景观规划
委托部门　　群马县利根郡新治村
承包部门、援助主体　　LAC规划研究所
所 在 地　　群马县利根郡新治村全域
交　　通　　从JR上毛高原站乘坐开往猿京温泉方向的公共汽车，至村
　　　　　　内中心区约需20分钟

第2章　形成丰富的生活风景　　45

LANDSCAPE WORKS

实例 08　山本久司

构想
规划
设计
施工
维护管理
运营管理

扮靓都市的风景

吴市都市景观形成示范项目

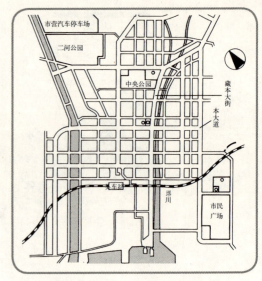

都市景观形成示范地区

改换面貌的城市街区

以前，尽管广岛县吴市的街区背后绿荫环绕，但是，那只是从远处才能眺望到的风景。在市区内狭小的平地上，建筑物鳞次栉比，给人以单调、乏味之感。作为吴市市中心的中央地区，此种倾向更为显著。进行城市的、作为吴市"容貌"的象征的景观整备是摆在我们面前的重要课题。因此，在建设省（现在的国土交通省）都市局以及广岛县有关部门的指导下，1983年吴市制定了《吴市都市景观形成基本规划》，将中央地区内约130hm²的用地范围确定为示范区，并且，根据以下基本方针进行整顿与建设。

①通过对干线道路及河川的景观整备以及步行者空间的整顿与建设，使都市轴进一步明确化；

②通过对广场、公园等都市公园设施的整备及公共设施的美化，进行地区象征性空间的整顿与建设；

③与商务区、工业区、文教区等地区相适合的景观的形成。

由线及面，藏本大街的全面整修

贯穿市内中央地区的中心部位、南北走向的"藏本大街"是城市规划道路，全长1km，包括步行道和车道在内，道路总宽度为40m，以6车道的道路为主轴，设置与车道并行的带状公园。然而，对该道路的未来交通量的预测结果显示，车道部分为4车道足以满足交通的需求，为了使新产生的2车道的剩余空间与原有的公园形成一体，作为大规模的休闲散步空间，作为吴市城市"脸面"的象征，作为城市的轴线，在全国率先进行了都市景观形成示范项目的整顿建设工作。在总体规划中，将由交叉的道路和桥梁划分的八个区域分别以"相会"、"聚会"、"休憩"的主题概念进行分区，各分区的设计概念如下所示：

①"相会区"。该区靠近港口和车站，位于与国道交叉之处，以水、海洋、相会为主题进行整顿与建设。

②"聚会区"。规划在该区内建设图书馆设施。将其作为一体化的区域、作为具有浓厚文化氛围的空间进行整顿与建设。

③"休憩区"。有效地利用该区内原有的树木，在拥有丰富绿化的环境中，进行给人以舒适、轻松之感的休憩空间的整顿与建设。

④"用红灯笼装点的街道"。将该地区早先就有的移动式售货摊作为都市舒适空间的构成要素加以利用，营造热闹、繁华的都市夜景。

⑤大力推进电线类设施入地工程的实施。

动工前后

在施工设计完成时，我作为吴市都市整备科主管街道建设方面工作的负责人，与所在部门的3名职员一起，以最大限度地利用地区内原有的树木、设施，进行深受广大市民喜爱的、可安全、轻松利用的空间环境整备为目标，承担了项目实施前的所有工作。

要实现藏本大街的整修规划，如果不将正在使用中的

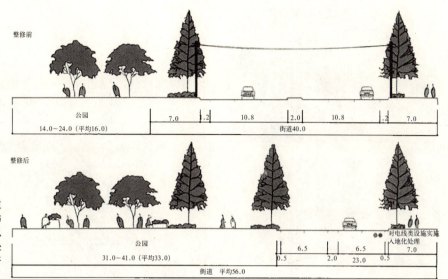

整修前

公园 14.0~24.0（平均16.0） | 7.0 | 1.2 | 10.8 | 2.0 | 10.8 | 1.2 | 7.0
街道40.0

整修后

标准剖面图
通过采用将原来拥有6车道的道路缩减为4车道所产生的空间与邻接的公园进行一体化整备以及对电线类设施实施入地化处理等处理手法，营造出颇具开放感的、绿化丰富的城市空间

公园 31.0~41.0（平均33.0） | 0.5 | 6.5 | 2.0 | 23.0 | 6.5 | 0.5 | 对电线类设施实施入地化处理 7.0
街道 平均56.0

（单位：m）

6车道的道路缩减为4车道，那么，所有的工作都将无从开始。并且，如果不解决好有关处于营业状态的可移动式售货摊、电线类设施埋入地下、道路与公园两者的确定以及项目许可等一系列的问题，就不能进入下一阶段的工作。下面，就针对上述情况所作的大量工作简单介绍如下：

关于车道的缩减。在现实生活中，通常都是对道路实施拓宽，还没有对其进行缩幅处理的事例。对此，周围的一些人颇有微词，认为此举是与时代背道而驰；警察和公安委员会的人们对此也颇感担心。但是，我们以未来交通量预测的资料为依据，与当地的警察署进行了反复的磋商，由于运行与藏本大街并行的6车道道路中的4车道，缩小了道路交叉口的范围，使得道路危险性减小，交通事故的发生率也会有所下降，因此，缩减车道的做法最终得到了肯定的答复。这样一来，规划的实施工作有了初步的实质性的进展。

对处于营业状态的可移动式售货摊采取相应的对策。当时，虽然正值全国开始限制步行道的新的道路使用许可的时期，但是，通过与当地的警察署、移动式售货摊同业工会组织从发展的角度进行积极的探讨、协商，决定在满足移动式售货摊存放场所的确保、清洁卫生的营业场所的整备以及只限一代经营等前提下，对现有的移动式售货摊予以保留，并且，通过采用设置在全国尚无先例的、配备有完善的公共上下水道、电源插座等设施的移动式售货摊营业单元的处理手法，使问题得到解决。

将电线类设施埋入地下的做法在中国地方尚属初次尝试。我们在通过进行大量的工作取得中国电力公司、日本电话电报公司（现简称为NTT）、有线广播电视公司等部门和单位的理解和配合的同时，就涉及费用分担、维护管理、占用收费等问题的协议进行了反复的协商，最终的结果，虽然决定由各部门单独埋设管道，但是，在工程实施的过程中，各部门相互配合，使电线类设施入地工程得以顺利地进行。

另外，为了使该工程项目能够以国库补助事业的形式进行实施，需要制定出当时在全国尚无先例的街道与公园平面相结合的都市规划方案，并且得到项目的许可。在制定都市规划方案时，我们认为，如果将街道、公园、河川等进行一体化的整顿与建设，那么，景观事业将会获得更高的附加值。但是，一般来说，由于在进行道路规划时，对于道路宽度通常是采用必要的最小值进行设计，所以，对于这样大规模的规划，甚至有人说"难道即使需要投入巨额资金也要进行吗？"最终，我们以具备"道路和公园事业均不需要征用土地；不需要配备各自的管理人员，实行共同的管理；项目工程同时进行"这样三个条件为理由，使道路与公园两者结合的都市规划方案获得许可。记得那时大约用了半年的时间才将人们提出的"如果两者均得到项目的许可，那么，

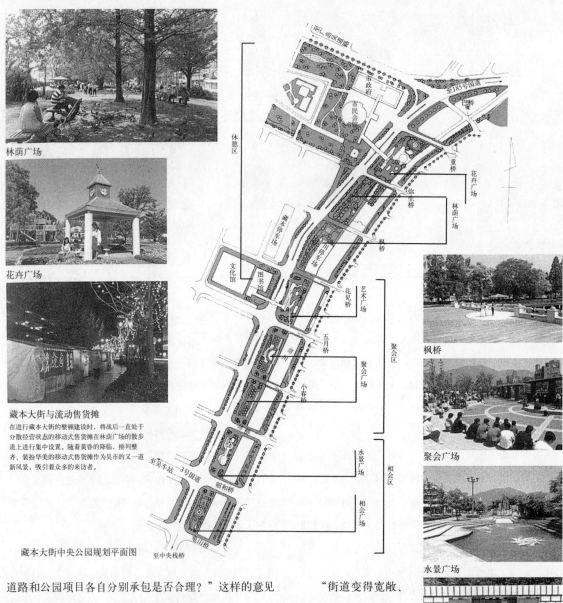

林荫广场

花卉广场

藏本大街与流动售货摊
在进行藏本大街的整顿建设时,将战后一直处于分散经营状态的移动式售货摊在林荫广场的散步道上进行集中设置。随着黄昏的降临,排列整齐、装扮华美的移动式售货摊作为吴市的又一道新风景,吸引着众多的来访者。

藏本大街中央公园规划平面图

枫桥

聚会广场

水景广场

内置设备单元的座椅
结合藏本大街的道路整修,将为各移动式售货摊配备的电气装置及上下水设施等集中设置在座椅下的小门中

道路和公园项目各自分别承包是否合理?"这样的意见以及其他诸多方面的问题完全得到落实。

工程逐步展开

工程开始实施时的最初关口是防止因正在使用中的道路的车道减少而导致交通事故发生的对策。我们用了一整天的时间,进行了从信号机的重新移设到以确保安全为目的的安全护栏的设置以及道路中心线的变更等一系列工程的实施。那天的整个晚上,我们都怀着忐忑不安的心情,期待着调整后的运行结果。尽管事前做了大量的宣传工作,但是,每一位负责此项工作的人员还是被担心事故的发生所困扰。第二天一早,所有的相关人员都来到了现场。值得庆幸的是现场情况一切正常,工程顺利地开始了。

"街道变得宽敞、漂亮了!""下一个街区将会是什么样子呢?""总体规划如何?"……像这样,随着街区整顿建设工作的进展,关注街区建设、前来打听、咨询的市民不断地增多。我们很快在现场设置了宽5m、高2.5m的规划效果图。这样一来,我们可以随时听到许多来自市民的鼓励、希望和赞扬之声。藏本大街的规划确实地得到了广大市民的认可,并且,由事业实施所产生的经济效果也逐步开始显现,新建了商业大厦、前来参加港口节活动的游客

48　第2章　形成丰富的生活风景

艺术广场

从原来的8万人增加到16万人……。可以说，该项目的实施对地区软、硬环境的建设都做出了积极的贡献。

将吴市建设成为更加充满活力的城市

如果将藏本大街与邻接的二级河川堺川和市营道路进行一体化的整顿，那么，它将成为拥有得天独厚的优越条件、幅宽达100m的大道。2002年10月将迎来吴市建市100周年的纪念日，为此，吴市市政府计划在全市举办各种纪念活动。我们抓住这一有利时机，以将藏本大街建设成为在全国值得夸耀的、宽达100m的大街为目标，在2000年组织召开了有当地自治会、商店组合、小学校有识之士等26人参加的恳谈会。大家从重新确认场地开始，对近千名市民进行了问卷调查，针对反馈意见和相关的建议进行反复的研究和探讨，并且提出了以建设便于利用、充满活力的藏本大街为目标的意见和建议，具体内容如下：

1 采用对生长繁茂的树木进行修剪、整枝以及照明设施设置等处理手法，进行可供市民安全、舒适利用的散步道和广场设施的整顿与建设；

2 在力求利用活动坝使低潮位河道保持一定的水位、使藏本大街与河川的景观形成一个整体的同时，进行设有喷泉设施的、可供人们聚会及开展各种文娱活动的场所的建设；

3 进行可为残障者提供便利的多功能洗手间、坡道以及指示牌等设施的建设；

4 为了进一步恢复未得到新的道路使用许可、呈全国性衰退之势的移动式售货摊的经营方式，进行旨在将道路区域变更为公园区域的整顿建设工作。

为了恢复当时在步道上进行经营的移动式售货摊的经营方式，需要将其设置场所的使用性质由道路变更为公园。由于即使移动式售货摊处于营业的状态，仍能确保3m的步道宽度，故使得此项变更成为可能。

现在，充满生机和活力的、幅宽100m的藏本大街正在实施道路整修改造工程。这里作为开展文化娱乐活动的场所、作为休闲消遣的场所，正在被越来越多的市民所利用。

山本久司
生于日本广岛县吴市。东京农业大学造园专业毕业，而后进入吴市市政府工作。曾担任获建设省（现在为国土交通省）"自己动手建设家乡奖"和入选"日本百条道路选"的美术馆大道的规划、设计和施工管理工作，以及荣获"绿化大奖"等许多奖项的藏本大街的规划、设计、施工管理及维护管理等方面的工作。

项目名称　藏本大街
所 在 地　广岛县吴市中央1丁目～4丁目
竣工时间　1987年
委托部门　吴市
设　　　计　LAT环境设计
施　　　工　吴市当地施工者
交　　　通　从JR车站步行5分钟

LANDSCAPE WORKS

实例 09　田中　康

构想
规划
设计
施工
维护管理
运营管理

以共同拥有的绿色为切入点的地区恢复重建工作

神户市东滩区深江地区

在阪神、淡路大地震中的受灾体验

在发生阪神、淡路大地震的1995年1月17日，我在位于神户市东滩区的家中经历了震度7级的地震的体验。地震发生时，我感到整个人像是要被弹出去般的剧烈的震动以及家中的物品被毁坏、飞落到各处时发出的猛烈的声响，一时间甚至连人都无法站立行走。确认家人平安，领着孩子出去避难，首先选择的避难处就是附近公园的集会场所。许多房屋都倒塌了，周围呈现出一片凄惨的景象。刚刚经历了地震的市区就像是被抽去生命般的寂静。

避难者们聚集在公园里，相互抚慰、帮助，确认平安与否。此时，救助队尚未到达，由居民自行开展的救助活动显然已经难于应付当时的局面。在余震不断发生、不时有死伤者从各处运来以及提醒人们躲避煤气泄漏所带来的危险等的嘈杂、混乱之中，人们通过相互传递的信息，到公民馆和小学校寻求可以安身的避难场所。

此次地震灾害集中地反映出现代城市存在的"安全"、"环境"、"福祉"等各种各样的问题，并且这些问题令人猝不及防地、一下子通通暴露在人们的面前。

在此，以高速道路坍塌、死亡人数超过250人的我所居住的神户市东滩区深江地区为例，就花卉、绿化在城市恢复重建工作中所起的重要作用做进一步的介绍。

阪神、淡路大地震发生2天之后的深江地区的状况

在建筑的废墟上种植花草

随着倒塌建筑的清除，如同突然出现空洞般地、既无房屋也无树木的空白地的面积在不断地扩大。同时，由于当地的居民大多到地区之外的地方进行避难，有着工商业者居住区氛围的、作为庶民的街区被人们所喜爱的深江地区失去了往日的活力。

首先着手进行深江地区恢复重建工作的是从震前就致力于密集住宅问题等课题研究工作的"城市建设协商会"。尽管该地区被指定为重点恢复重建地区，但是，由于该地区为不能适用具体的复兴事业的空白地，因此，这里处于如果不能将地区居民充分地发动起来，则恢复重建工作无从开始的状况。最初，由于感到力不从心、能力所限，我以及许多的人都处于不能跟上震灾复兴事业发展步伐的状态。

恰好在那个时候，"在建筑的废墟上栽种花草"这一在市区不断推广的、将空地变为花园的运动，在以城市规划建设和绿化方面的专家为中心组成的震后复兴支援小组

50　第2章　形成丰富的生活风景

有市民参加组成的城市建设协商会倡导开展的"在建筑废墟上栽种花草"的运动（鹰取地区）。1995年夏

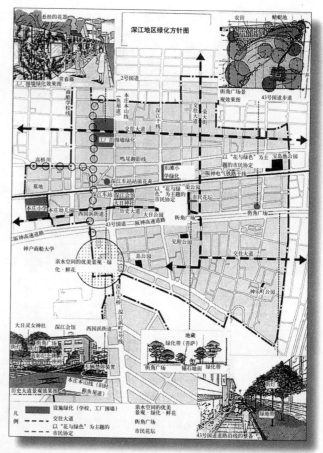

深江地区绿化方针图——拥有绿色和鲜花的共同空间

的积极倡导和推动下，得到了有效的开展。

通过此项活动的开展，许许多多的人从美丽的花草和参与活动的志愿者身上获取了"治愈创伤的决心和勇气"。即使是在灾害发生的非常时期，富有生命的花草也能使人受到如此的感动，这一切使我的内心世界受到了强烈的震撼。我参加了由负责该项目实施工作的造园方面的专业技术人员组成的灾后恢复重建援助组织"阪神绿化联合组织"的活动，并且作为其中的成员，同时又是地区居民中的一员，努力投身到深江地区灾后恢复重建的工作之中。

由城市建设协商会和阪神绿化联合组织组成的联合小组最初讨论的课题就是使已经成为一片建筑废墟的街道恢复原有的生气以及社区的重建工作。所谓社区，虽然其词意为"共同体"，但是，问题的关键在于究竟"共同"做些什么？近年来，祭祀、清扫、夜间巡查等各种街区活动在该地区已日渐衰退，共同的意识本来就已经逐渐淡薄，加之地震灾害使得人们身心疲惫，一心忙于自己的事情。在此情况下，将地区居民关注的重点引导到灾后恢复重建这一共同的主题上来是摆在我们面前的重要课题。

我们不失时机地提出将"绿化与开放空间"作为"共同"的主题。虽然，也有人提到"现在正是大家因为住宅重建和各自的工作忙得不可开交的时候……"，然而，"正是这样的时候"这一想法使城市建设协商会的成员受到感动。并且，多次召开专题研讨会，与许多当地的居民一起，进行反复的研究和探讨，确定出以绿化为先导的城市建设方针。

这是一部将地震灾害造成的空地、公园、学校、神社等确定为"拥有花与绿色的公共空间"，并且采用分散、灵活的处理方式，将可以接触到花与绿色的场所，从有实现可能的地方着手实施的行动先行型的规划。

深江车站站前广场　　在距地震发生大约1年半时间的1996年6月，作为"花与绿色的共同空间"的第一个实施项目——"深江车站站前广场"一期工程（站前花苑）完工。虽然该项用地是震过后作为阪神电气铁路的高架铁路用地、由神户市取得的市有土地，但是，一直是以大煞风景的空白地的形式闲置着，成为垃圾遍地、导致环境恶化的场所。因此，在阪神电气铁路高架部分施工前的一定期间内，城市建设协商会向神户市租

第2章　形成丰富的生活风景　51

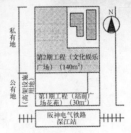

从左上图开始，按顺时针方向。深江车站站前广场（第1期，整备前）。1997.1/深江车站站前广场（第1期：花苑，整备后）。1997.6/深江车站站前广场（第1期：花苑，整备后）。在深江车站前营造出可为人们提供与鲜花和绿色交往的场所。1997.6/深江车站站前广场图/深江车站站前广场（第2期）废旧物品交易市场。2001.3/深江车站站前广场（第2期）儿童会演出的音乐舞蹈剧。2000.11

用其中的部分土地，进行花坛广场的建设。

为了实现上述的规划设想，我们同神户市有关方面进行了反复的协商。关于费用问题，拟通过利用城市建设协商会的活动补助资金和民间的震灾恢复重建基金等加以解决；在进行方案设计和工程施工时，得到了城市规划建设方面的技术顾问、阪神绿化联合组织以及负责苗木分发等方面工作的组织和部门的大力支持和帮助。六年后的今天，深江车站站前广场的景观环境仍然被大家所喜爱。

在许多人的参与及合作下诞生的小小的花苑，作为灾后城市恢复重建的象征，起着极大的作用。1997年，以该项目为样板，神户市创立了对于租用土地进行广场建设的项目给予援助的"城市建设广场创生事业"。这是通过采用以市民为主导、并制定相应行政措施等处理手法实施的、值得大家关注的事情。

如果形成了"共同的场所"，那么接下来就是要营造"共同的事情"。该项目二期工程是进行可为地区居民提供能以各种不同目的进行文化娱乐和交流活动的"文化娱乐广场"的建设。在项目实施的过程中，充分地利用以该项目为契机创立的"城市建设广场创生事业"的相关政策和措施，就邻接的私有土地租用问题同土地所有者进行协商，对此，神户市给予一定的优惠政

神户21世纪·复兴纪念事业。在市民花园展出的"深江的庭园"设计方案模型。该方案获得最优秀奖。2001.3

策，即在一定期间内免除固定资产税，其前提是建成后的广场要向地区居民开放。

城市建设协商会文化娱乐委员会负责该广场的运营管理工作，在这里举办各种形式的文化娱乐活动。通过这些活动的开展，使得地区内的自治会、妇女会、儿童会、进行祭祀活动的人们、福祉团体、消费者团体、园艺小组等以前分别各自进行活动的团体和个人汇聚在一起，加深了彼此间的相互交流，并且以此为契机，进一步地推动了有利于城市建设事业发展的各项活动的展开。

共同拥有的绿色和动态的地区规划建设

在城市规划建设工作中，包含着许多诸如环境、住宅、安全、福祉、教育等地区居民十分关心的问题。进行以地区居民为主体的城市建设，很重要的一点就是要力求使城市建设处于无论任何时候、任何人、在任何地方都可以做与此相关的事情，所有的人都能够参与其中的"动"的状态。

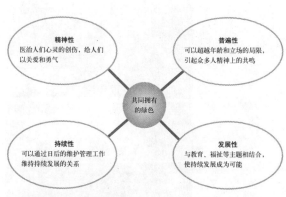

"共同拥有的绿色"在城市规划建设工作中所起的作用

动态的绿色城市建设循环系统——综合发展型模型
在吸引各类人员和团体参与其中的同时,以不断成长的、共同拥有的绿色为切入点的城市建设模式

其中,首先要提出活动的目标(PLAN),并且,想方设法地进行活动的尝试(DO),同时,还要认真地思考并评价在这一过程中可能出现的各种各样的问题(CHECK),在对其进行不断地改进的同时,吸引更多的人参与其中,从而使活动的范围和规模不断地扩大(ACTION)。

在此,重要的是要使这一循环过程持久地进行下去。花与绿色作为其"开端"和"促进剂"起着重要的作用。那是因为花与绿色是有生命力的东西,可以成为人们"交往"的对象。如果共同建造了花坛,那么,要使花草不会枯萎,就需要有人轮流给它浇水,于是,很快就组成了园艺小组。这样的初次同需要精心侍弄的花草与绿色的交往,将人与人联系在一起,从而产生出可以实现进一步交流的组织结构。

2001年3月,由我进行策划并提出方案建议的设计项目《深江的庭园》在神户市主办的复兴纪念事业园林设计竞赛中获得城市建设协商会颁发的最优秀奖。这是拥有各种技能的地区人们的"共同"的结果,是城市恢复重建工作成果的具体体现,同时,对今后的城市建设工作有着一定的指导意义。

我想,景观营造工作所追求的就是使在同小小的花草和绿色接触的过程中人们心情渐趋平静的"人与植物"的关系逐渐发展成为"人与人"、"人与社会"的关系。

参考文献
· "ランドスケープ研究"VOL·60NO·2、日本造园学会、1996
· "技术士制度における综合技术监理部门の技术体系"日本技术士会、2001

田中 康
1958年生于日本兵库县神户市。大阪府立大学农学系(绿地规划工学专业)毕业。
在景观工程技术咨询公司Heads分公司工作期间,曾参与都市公园绿地规划和自然环境保护规划等项目的策划和规划设计等方面的工作。

阪神、淡路大地震后,我作为技术顾问,在从事防灾公园规划和城市恢复重建中的地区居民参与型都市绿化推进规划等方面工作的同时,作为阪神绿化联合组织(以造园领域的专业技术人员为主体的志愿者团体)的成员,参加了有关城市恢复重建方面的援助活动以及当地的深江地区"城市建设协商会"的活动。从城市绿化的观点出发,努力致力于城市建设和社区形成方面的工作。同时,我作为深江地区城市建设协商会事务局局长,还做了大量的幕后工作。现任Heads公司的董事。

项目名称	神户市东滩区深江地区城市建设方案——建设拥有丰富绿化的、安全的街区
所 在 地	兵库县神户市东滩区深江北町、本町、南町、本庄町、浜町
委托部门	神户市深江地区城市建设协商会
规划·设计	GU规划+阪神绿化联合组织
时 间	1995年~现在仍在继续进行之中
交 通	阪神电气铁路深江站

第2章 形成丰富的生活风景

LANDSCAPE WORKS

实例 10 山本干雄

与专家们共同作业

多摩新城
贝尔格里纳南大泽

构想
规划
设计
施工
维护管理
运营管理

上/从高层建筑俯视贝尔格里纳南大泽住宅区
下/保留绿地与建筑

以建设新型城市为目标，摆脱划一的建设模式

第二次世界大战后，人们开始真正大张旗鼓地进行"新城"和"住宅区"的建设。率先开展此项工作、并承担其中部分建设项目的是都市基础设施整备公团（当初名为日本住宅公团，后来改称为住宅·都市整备公团，直至现在。以下简称公团）。例如，公团承担了多摩新城等面积达38000hm²以上的城市建设开发项目以及可容纳近150万户居民的集合住宅的建设工程。参加这些建设项目的不仅有城市规划、建筑设计、土木工程等方面的专业技术人员，造园师在其中也起着重要的作用。但是，由于要在很短的时间内进行如此大量的设施建设，其结果，导致景观表现和建筑形式的整齐划一。对此，有些外国人甚至戏称其为"兔子窝"。在这样的背景下，我们在被称作"多摩新城贝尔格里纳南大泽"的建设项目中，进行了旨在超出以往限界的、新型城市建设的尝试。即在该项目中采用"总建筑师方式"这样的设计组织结构，灵活运用设计规则，进行着眼于景观环境的城市建设。

贝尔格里纳南大泽住宅区位于多摩新城的西部，用地面积约66hm²，规划户数为1500户，内设邻里中心1处，小学、中学、幼稚园、保育院各1所，居住区公园、儿童公园、绿地、园林式道路各1处。这里属丘陵地带，

位于市中心往西40km、多摩丘陵的一角，从这里可以看到远处新宿的超高层建筑，以及眺望对面富士山优美的风景。如果将其设计理念用一句话加以表述，就是"新丘陵都市人"。根据规划，这里将建设成为拥有对文化接受和传播敏感的居住者层、自然环境优越、给人以温馨、舒适和安全感的城市，并且将营造出如同意大利的山岳城市般的、可唤起人们丰富想象力的、富于变化的环境空间。为了实现这一设计理念，并使"多样性与统一"这样乍看上去相互矛盾的东西实现并存，我们采用了总建筑师的设计组织方式。总建筑师在努力谋求整体协调与一体化设计的前提下，进行总体规划编制以及设计规则制定等方面的工作。担任各分区设计工作的建筑师力求最大限度地利用规划用地的现状特点，进行能够充分体现地区特色、富有个性的方案设计。并且，通过对在各种情况下两者冲突的不断调整，寻求更有效的解决方法。虽然，有人提出因为是住宅区项目，所以采用了以建筑师为中心的设计组织方式，然而，在造园设计方面，不用说，也同时采用了同样的方式。人们认为，在今后采用同样方式的场合，造园师相当于总建筑师的设计组织方式原本就是十分恰当的。在本项目中，上山良子担任总景观建筑师，各分区的景观设计工作分别由五个造园设计事务所承担。然而，在景观建筑师参与各

54　第2章　形成丰富的生活风景

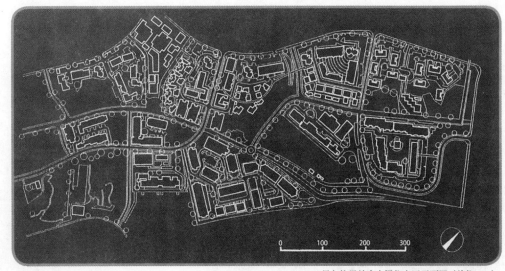

贝尔格里纳南大泽住宅区平面图（单位：m）

分区规划设计的场合，虽然，可以认为在参与旨在最大限度地发挥用地优势的土地利用规划和用地造成规划方面有着很大的意义，但是，在本项目中存在着"景观建筑师是在用地初始造成规划和土地利用规划已经编制完成的情况下参与项目设计工作、且设计对象是以住宅地为中心的区域"这样的局限性。

数量庞大的信息交流——会议和调整

1987年5月成立的企划委员会，至同年的10月，已经召开了5次相关的会议。讨论并确定项目规划的框架。参加会议的有东京都、八王子市、建筑师、造园师、广告撰稿人、广告代理商以及都市基础设施整备公团等相关单位和个人。我作为公团的（造园）专业技术人员参加会议，并且担任会议秘书处的工作。在此之后，召开了各种不同的会议，直到住宅区已经实现大部分入住的1991年，数不清的会议和调整仍然在继续。如果用现在的话来说，就是进行数量庞大的信息交流。由于上述工作的开展，得以摆脱千篇一律的建筑模式，使得进行整体协调、一体化的城市建设成为可能。例如，不仅造园方面的总体规划和分区规划多次进行相互间的调整，景观设计方面的总负责人与担任各分区设计工作的设计人员多次进行相互间的磋商，对设计方案进行必要的调整，而且，建筑和景观设计方面的总负责人或者担任各分区设计工作的技术人员有时对方案的某个方面、有时就多个方面展开讨论，进行相应的调整。除此之外，在进行景观营造工作时，不仅要同土木、电气、机械方面的专业技术人员进行必要的调整，同广告业的专业人士一起，就广告、招牌等的设置规划进行反复的推敲，还要同雕刻家和美术家进行事前的商讨。从事地面处置的造园师要同所有门类的专业技术人员有关联，即使是说"与其说是直接负责园林设施的建设，莫如说是通过同各方面关系的调整完成造园空间建设的"也并不为过。在两年的时间里，这样的会议几乎每天都在进行。可以说，在进行住宅区规划设计的场合，作为协调者的造园师在进行现场调整的同时，在总体规划编制过程中扮演着如同歌舞伎出演者背后的辅佐员般的角色，起着非常重要的作用。

社区风景 古老而新鲜的风景

那么，试图通过这样新尝试实现的新城风景究竟是什么呢？如果用一句话进行表述，那就是社区风景。这是自古以来不曾改变、宁可始终不变的风景。它是力求营造"最大限度地讴歌聚集在一起居住基本上是快乐的，一个人难以做到的，通过大家的努力才能够实现"这样的风景。不管拥有多么漂亮的建筑外观和广场造型，只有当人们生活在那里，才能称得上是真正意义

第2章　形成丰富的生活风景　55

按自上而下顺序。广场上出售面包的流动售货车/步行道边摆放的草花/会堂门前摆放的绿色植物/进行草花换盆作业的居住者

花器中栽种的草花

上的完成,这就是新城的风景。譬如,给路上行人带来视觉享受的装点凸窗的鲜花和小饰物摆设、妇女们凑在一起聊天的漂亮的住宅玄关周围的风景、广场上啤酒桶造型的花器旁栽种四季应时花草的园艺爱好者的身影、游戏场上玩耍的孩子们以及新年时装饰有自己制作的门松的住宅门前的风景……。在街道的一角,停有出售面包和冰激凌的流动售货车。每逢周末,会馆的教室都会向市民开放,供作人们进行义卖的场所。夏天,人们在广场上举办夏日祭祀活动;秋天的傍晚,广场又成为举办小型音乐会的好地方。在每年两度的住宅区杂草清除活动中,这里的居民多是举家出动,在劳动中挥洒汗水。劳动结束后,平日难得碰面的各家男主人聚在一起,饮着罐装啤酒,享受难得的休闲时光。这样的风景,就是人们追求的社区风景。进行以易于营造像这样的令人愉悦的风景为目标的装饰设计也可称其为新城的造园设计。当然,这样的装饰设计应该力求营造出具有现代气息的、充分体现地区自身特点的环境景观。

以花为媒介形成的社区风景

因为社区的主体是居住在那里的人们,所以,不管造园设计如何设法促进社区的形成,如

除草活动结束后，人们边喝啤酒，边举行爆竹节活动（译者注：正月十五日焚烧新年时门前所饰松枝、稻草绳的仪式）

在庭园中分吃西瓜的孩子们

果生活在那里的人们根本无此意向，那么，也是无济于事。反之，当居住者有建设社区的愿望时，若设计时对此根本未作考虑，那么，也称不上是好的设计作品。在贝尔格里纳南大泽住宅区，也力求通过采用各种不同的形式，营造这样的社区风景。譬如，其形式之一就是从建设的初期，这里就栽种了许多的花草。以此为契机，在十多年后的今天，这里依然到处可以看到用鲜花装扮的街景。窗边、壁面、花器、花坛以及灌木丛中盛开的红色、白色、黄色等色彩缤纷的四季应时花草与有着红砖饰面般装饰效果的贝尔格里纳南大泽住宅区的建筑十分的适称。这并不是委托园林部门刻意装饰的结果，而是由社区管理组合的人们自己动手营造的。在其中，有些管理组合的工作成果甚至获得国土交通省花卉景观竞赛奖，其活动开展得十分活跃。与其他住宅区相比，为什么这样的活动在这里如此兴盛呢？带着这样的问题，我们进行了认真的调查研究。在调查中我们意外地发现，原来，在最初入住时，这里的人们看到公团栽种的美丽的花草，就有意将其维持下去，加之热心的领导者与全体居民的共同配合，使这样的花卉景观得以保持至今。在当初做规划时，大家觉得如果能将所栽种花草的百分之十保持下去就很不错了，然而，令人感到吃惊的是百分之百以上的花草在人们的精心呵护下旺盛地生长。打个比方说，这就如同是哥伦布的鸡蛋（译者注：比喻哪怕是人人都能办到的简单事情，最先办到也是不容易的）。除此之外，由于居住者的积极参与，所以能够在贝尔格里纳南大泽住宅区营造出如此丰富多彩的环境景观，并且，不断地培育、完善给人们以温馨、舒适和愉悦之感的社区环境。

山本干雄

生于日本东京都。东京大学造园专业毕业后进入日本住宅公团（现在为都市基础设施整备公团），一直从事有关住宅区园林设计方面的工作。从1993年开始，兼任日本大学的外聘教师，讲授绿地环境工学方面的课程。自1994年起，担任春日部市的都市景观顾问。原本，我是以物理学为目标进入大学学习的，当意识到自己缺乏数学方面的才能后，或许是由于在缺乏开放空间和绿地的城市环境里长大的缘故，决定学习造园学专业。因为，从孩提时代就热衷于动手制作，所以，从庭园营造和城市建设工作中，发现了人生的价值。今后，我还将从事造园设计方面的工作，但是，对从哲学的角度思考造园、表现造园怀有浓厚的兴趣。

项目名称	多摩新城贝尔格里纳南大泽住宅区
所在地	东京都八王子市南大泽5
竣工时间	1992年
设计	上山良子景观设计研究所和规划咨询公司、Bell环境规划事务所、户田芳树景观设计、Edi造园设计事务所、大塚造园设计事务所
交通	从京王相模原线南大泽站步行10分钟

LANDSCAPE WORKS

实例 11　鹤见隆志

以绿化为骨架的城市建设

港北新城

构想　规划　设计　施工　维护管理　运营管理

经过反复研究探讨的带状公园基本构想图

历时30年的协同作业
港北新城项目是自规划方案发表到项目实施完成大约花费了30年时间的长期的城市建设项目。在此期间，城市规划、土木工程、建筑、造园等诸多领域专家协同工作，支持着新城建设项目的不断进展。这些专业技术人员的所属部门涉及作为事业者的都市基础设施整备公团（原为日本住宅公团，后改为住宅·都市整备公团，至今）、公共团体（横滨市）、技术咨询部门、施工公司、大学、当地居民等诸多方面。

这样长时期的城市建设项目如同是长距离的接力赛跑。许多的公团技术人员在接受当初提出的"绿带"这一城市建设理念，并在其中不断添加时代需求和个人感悟的同时，努力进行项目的实施工程。此时，并不是只有公团的技术人员参与这样的"接力长跑"，而是如同做"两人三脚行走"的游戏那样，是许多的单位、部门以及诸多领域的专业技术人员携手并肩、共同建造完成的。公团的技术人员在这其中从不同的角度不断地进行技术人员之间的关系调整。

如果从接力长跑的角度来说，我作为公团的造园技术人员，是以相当于其中跑最后一棒的接力长跑运动员的身份参与该项目工作的。在此，就前辈的造园师们提出的具有先导性的公共绿地规划和在项目实施后期我所参与的管理运营规划作一简单的介绍。

港北新城
港北新城位于横滨市的市郊，是日本有代表性的大规模的新城。在1955～1965年代之前，该地区始终保持有良好的自然环境。但是，进入高度经济成长期之后，周边地区的开发在快速地进行，因此，为了防止无序开发行为的发生，进行城市与农业协调发展的新城建设，于1965年制定并发表了港北新城规划。

都市基础设施整备公团通过实施土地区划整理事业推进新城的建设，并且，确定出进行"最大限度地保留绿色环境的城市建设"、"能唤起人们对故乡怀念之情的城市建设"等的基本方针。

造园领域的扩展
在港北新城建设项目中，造园技术人员在项目初期就参与了其中的策划工作。在以往的新城开发项目中，造园技术人员往往是在土地利用规划业已确定、且公园绿地的位置及形状已经决定的中期阶段之后参与项目策划工作的。公园绿地作为城市设施是以配角的角色存在着。然而，在本次规划中，公园绿地却成为了主角。公团和技术咨询部门的造园技术人员在土地利用规划编制阶段就开始着手进行具有先导性的公共绿地规划的编制工作。由此，积累了许多在土地利用规划阶段进行造园规划、设计的技术和经验，在其后的新城开发过程中，造园技术人员的工作领域得到了进一步的扩展。

与集合住宅的保留绿地连为一体的地区公园

如何营造连续的绿色景观

地区居民和事业者希望"尽可能多地保留构成开发前地区景观的树林和村落的风景"。以此为出发点，公团与技术咨询部门协同工作，进行以绿色为骨架的城市空间建设的探索。

经过反复的研究和探讨，考虑在尽可能多地保留作为该地区主要景观要素的寺院、神社及其院内的树林、宅前屋后的林木、坡地上的杂木林、竹林、蓄水池等的基础上，将其有机地联系在一起，形成城市空间的骨架。

然而，从项目核算方面考虑，不可能将所有保留下来的绿地都建设成为作为公共用地的公园。在以吸引距离为设计依据的均等分散型都市公园制度下，使公园呈细长连续状，这在当时也是非常困难的事情。

实际上，在方案的基本构想阶段就已经考虑进行如右上图所示的带状公园的建设。从图中可以看到，只有综合公园的用地平面较为宽阔，邻里公园其宽度为50m、街区公园的宽度仅为20m。在本方案中，规划将这些公园全部串联在一起，使之形成都市空间的骨架。公团就此公园系统规划设计方案同国土交通省的有关部门进行了商谈，但是，未能获得同意，遂采用与现行公园制度不发生抵触、模棱两可的处理方式，对规划方案重新进行了修改。

在重新修改过的规划方案中，将在某种程度上呈均等分散状设置的公园和将公园称为园林式道路的带状公园有机地联系在一起，形成串珠状的公园群。以该公园群为核心，未能纳入公园用地的剩余绿地分散于学校和集合住宅之中，与核心的公园群紧密地联系在一起。这样一来，就形成了以公共用地（公园）和民有地组成的宽阔绿化带，构成如下图所示的新城的骨架空间。

构成绿色骨架空间的园林式道路长达15km。虽然，

经过重新修改的公共绿地规划图

第2章 形成丰富的生活风景 59

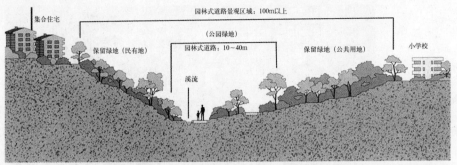

园林式道路剖面图。公共用地的绿地与民有地的宽阔绿地连为一体，营造出保全并再生谷户风景的环境景观

园林式道路的宽度只有10～40m，但是，在以该道路为中心的景观区域中，配置有集合住宅、学校等大规模的民有地，如果将园林式道路和民有地坡地上的树林包括在内，有些地段绿地的幅宽达100m以上，给人以保全并重现新城开发前的谷户风景的景观效果。

继承城市规划建设的理念

我是在绿化基础设施建设临近最后阶段时参与港北新城项目的工作的。我在继承以绿化为骨架的城市规划建设理念的同时，进行了大量的规划实施阶段的设施建设工作。

置身已经完成土地初步整理工作的规划用地现场，在被保留下来的绿地中，边走边思考在基本构想阶段前辈的技术工作者提出的规划设计理念，并且，在不断向其中添加有关生态环境保护、居民参与、降低成本等时代需求方面的内容的同时，与许多有关的技术顾问一起进行设计作业。

在我最初承担的邻里公园项目中，由于在原有的树林中发现了不断有泉水涌出的泉眼，因此，曾一时考虑在那里建造溪流和水池。但是，后来考虑到如果事业者在此进行过度的人工化处理，则剥夺了地区居民日后参与的余地，故只进行最低限度的基础设施建设。期待在日后开展的地区居民活动中，能进行诸如群落生境的池塘建设等各种有益的活动。采用这样的处理手法，同时，还可以进一步地降低建设的成本。

在设计方案基本确定阶段，同日后负责公园管理工作的横滨市的有关部门进行了协商，对方从便于管理的角度出发，提出了许多的意见和要求。其中的有些问题的确可以理解，我们对设计方案作了相应的修改；而对于一些无论如何也不能让步的问题，则在充分讨论的基础上，求得相互的谅解。同时，还要花费很多的时间，同负责土地整理和排水规划的公团内部的技术人员就方案设计中的某些问题进行必要的调整。

完成设计作业及其相应的调整，并做出工程费用的测算后，将项目工程委托给施工会社。其后，又常常会面对一些在设计阶段未考虑周全的问题。此时，我们不但要在现场同施工会社的人员商讨相应对策，还要同设计技术咨询部门的人员进行反复的研究、磋商，使问题逐一得到解决。

经过这样一系列的反复作业，绿色的骨架空间渐渐地展现在人们的面前。

绿地的管理和运营

在港北新城，公共用地和民有地中大约90hm^{2}以上的树林可以得到保全。因此，当时，绿地的管理运营方法是摆在我们面前的重大课题。

当时，被保全的绿地主要是支持农业活动的杂木林，缺乏在城市中被保全场合的管理技术和经验。

另一方面，市区拥有许多同样的绿地，作为公园管

拥有泉水自然流淌的"溪流"的园林式道路

人们在集合住宅的保留绿地中挖掘竹笋

公共用地（园林式道路）和民有地（集合住宅）坡地上的树林连为一体的宽阔的绿化带

理者的横滨市，很难确保充足的经费，更不能对民有地中的绿地实施管理。

因此，在同公团、技术咨询部门以及横滨市的有关部门的讨论中，考虑能否在有当地居民参与的前提下，采用居民、地方行政与公团共同协作的方式，进行绿地的管理和运营。这并不是依靠居民进行的单纯的管理工作的转移，而是通过居住者与身边丰富的大自然的亲密接触，从而使自己的生活更加丰富多彩，它与营造更具特色的街道景观相关联。

为了得到更多人的理解和支持，公团方面做了大量的工作。其中之一就是策划并提议开办"杂木林塾"。

所谓"杂木林塾"就是指就有关自然地的利用与管理方面的问题开展的基础知识学习和基础性学习实践活动，是将室内授课与大地实践结合进行的初级讲座活动。

由公团策划并负责运营的"杂木林塾"得到了当地居民的积极响应和热情支持。后来，公团从此项工作中撤出，由地区居民自己挂牌开办"杂木林塾"，并进行杂木林管理的实践活动。

通过这样的工作实践，使我深刻地体会到，在今后进行的谋求丰富绿化景观的城市建设中，在做好硬件设施建设的基础上，还要特别注重软环境的建设。而地方行政、企业和居民的协作与配合则是进行软环境的构筑与运营工作中必不可少的一个方面。

与人们的生活同步发展的新城

新城建设项目是许许多多的人经过长时期的通力协作建设完成的。虽然，参与项目工作的每一位技术工作者的工作领域和时间被限定，但是，当他们看到整修一新的街道、人们开始了新的生活、孩子们在公园尽情嬉戏玩耍的情景时，无不为能参加这样大型建设项目的工作而感到由衷的喜悦。

鹤见隆志
生于日本东京都。信州大学农学系毕业，而后进入都市基础设施整备公团工作。主要担负多摩新城和港北新城的公园绿地规划工作。其后，在综合研究所从事有关"适应社区发展和老龄化社会的城市建设"等课题的研究工作。现在，在综合企划室与各不同专业的技术人员一起，致力于以都市再生为目标的城市建设项目的策划工作。

项目名称　港北新城
所 在 地　神奈川县横滨市都筑区
竣工时间　1996年（土地区划整理工作换地处理）
交　　通　横滨市营地铁中川站、中央北站、中央南站、仲町台站

■历史造园遗产 2

"花苑都市"构想
近代都市的生活设计·大屋灵城

丸山 宏

注重绿化建设的城市规划师

大屋灵城生于1890年（明治23年）8月15日，是福冈县三猪郡久间田村（现在的柳川市）养福寺住持德灵的第3个儿子，其长兄大屋德城是著名的佛教学者。1915年（大正4年）7月自东京帝大农学部农学科毕业后，曾担任明治神宫造营局特约顾问、大阪府立农学校教师。1919年（大正8年）被任命为大阪府公园设置调查委员，任大阪府技师。转年，担任大阪府都市规划地方委员会技师，参与大阪市、堺市、岸和田市的都市规划设计工作。并且，作为城市规划师，活跃在城市建设领域。

理想的城市

为了了解国外的城市规划状况，大屋先生从1921年（大正10年）11月开始，进行了为期1年时间的欧美各国实地考察。此次考察的经历决定了日后大屋先生作为城市规划师的方向。

从回国后的1923年（大正12年）1月开始，大屋先生在关西建筑协会的机关刊物《建筑与社会》上发表连载文章《从过度聚集的城市向花园城市的转变》。文章中有关在英国曾与其会面的霍华德（英国的城市规划师）先生所倡导的田园城市的描述格外引人注目。虽然，位于伦敦

大屋灵城

北郊的世界上最早的田园城市——莱曲华斯已经创建20年了，但是那里的城市人口还不足规划人口的一半。他对在英国考察时所见的作为郊外住宅区的花园式郊区、或者也可以称其为"被田园包围的工场城市"的花园式村庄的兴盛景象感到由衷的惊叹。在连载文章的最后部分，谈及德国的"花园式住宅区"（克莱茵花园——市民农业园）时，亦有同感。大屋先生在文章的结尾部分写道："都市田园化，田园都市化，这是我为之奋斗的理想。（中略）我想将其称作花园城市。"

在1925年（大正14年）12月及转年的1月，以"集中乎？分散乎？"为题，两次向《大大阪》投稿。所谓"大大阪"的提法是当时大阪市关一市长提出的扩展市区的构想。大屋先生不失时机地倡导进行英国式的分散型城市建设。

转年，将他这一理念具体化的机会降临。阪神电气铁道和大阪铁道（现称日本近畿铁道）两家电气铁道会社委托他做住宅区开发规划。并且，作为新的郊区住宅，定名为"花苑都市"。大屋先生将"营造有可供公众户外休闲娱乐的园地，设有颇具吸引力、且给人以温馨、舒适之感的住宅区，可容纳较多人居住，并具有田园城市风格"的"游览城市"定名为"花苑都市"。具体事例有甲子园花苑都市及位于大铁沿线的藤井寺花苑都市。

日本的田园城市

首先介绍"甲子园花苑都市"。其建设的契机源自1923年（大正12年）3月武藏川整治工程完成后所产生的大面积的废河道用地。阪神电气铁道会社接受了政府转让的其中约74hm^{2}的用地，并且，委托大屋灵城先生作沿线的甲子园经营地开发的总体规划。大屋先生提出了在进行住宅开发的同时，建设设有作为海边娱乐休闲设施的海滨浴场和饭店、北面设棒球场、网球场等体育设施、其间以公共汽车进行连接的游览城市的构想。以新世界的娱乐设施为参考，提议将这些设施在北侧的运动场至南侧的海岸之间分散设置。

在规划设想中，将住宅区作为"以每英亩户数在12户以内的田园城市的庭园为建设重点的街区"，"在规划用地北侧的一角，附设1处园艺圃"，以用于"向各户提供庭园、花坛的管理、种植技术指导，种苗的供给以及花卉、蔬菜、果实的供给等"。所谓的"园艺圃"，或许是相当于现在所说的"绿化咨询处"。发表在《建筑与社会》杂志上的大屋先生的有关论述文章"关于两座花苑新城的建设"（1926年），不知何故，未登载完毕就结束了，其中，未见有关藤井寺花苑都市的记述。但是，从《大铁全史》（1952年）等其他资料中，也可略知一二。在藤井寺花苑都市项目中所作的新尝试之一就是营造学校教学用小植物园。在《大铁全史》一书的

第118页上有这样的记述:"作为本会社(大阪铁道会社)的又一独特尝试,在藤井寺球场南面与之相接的约22000坪(译者注:日本的面积单位。1坪≈3.3平方米)的用地上,建设并经营藤井寺学校教学用小植物园。该园是由大屋灵城博士主持设计、1928年(昭和3年)2月动工、同年5月末建设完成的。"这是在住宅区规划中配置有教育、体育等相关设施的、独具匠心的规划设计。

营造拥有丰富绿化的郊外住宅区

或许可以这样认为,大屋先生有关两座花苑都市的设想是受欧洲兴起的田园都市运动的启发,探索在日本进行郊外住宅区建设的可能性。

后来,大屋先生根据一直向往的作为都市住宅理想居住形式的德国住宅区的建设模式在南河内郡国分村片山(现在的柏原市)进行了住宅区建设的尝试。1934年(昭和9年)6月10日,因阑尾炎急性发作,大屋先生在自己的家中逝世。享年45岁。

参考文献
・清水正之"論客　大屋霊城　初代の緑の都市計画家"'ランドスケープ研究'第60卷第3號所收、1997
・橋爪紳也'海遊都市'白地社、1992
・角野幸博'郊外の20世紀'学芸出版社、2000

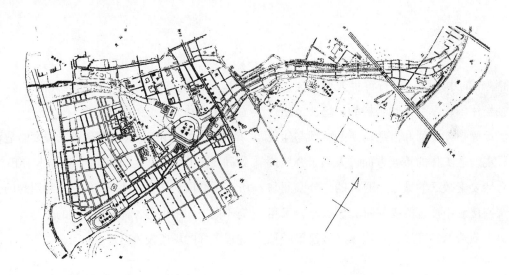

甲子园住宅经营地(提供:阪神电气铁道会社)

甲子园住宅经营地销售用宣传册(提供:阪神电气铁道会社)

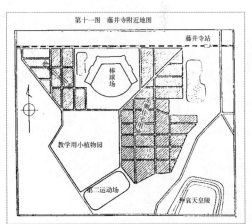

藤井寺花苑都市(《大铁全史》近畿日本铁道会社,1952)

丸山　宏
1951年生于日本京都市。京都大学大学院农学研究系博士课程毕业。现任名城大学教授。农学博士。造园学专业。主要从事有关造园史、公园绿地史等方面的研究工作。主要著作有《近代日本公园史研究》(思文阁出版,1994)、与他人合著《世界博览会研究》(吉田光邦编,思文阁出版,1986)、《造园的历史与文化》(京大造园学研究室编,养贤堂,1987)、《19世纪的日本情报与社会变动》(吉田光邦编,京大人文研,1987)等。

第3章

为人们提供聚会、交往便利的空间设计

在城市的中心区，进行可供人们聚会、交往、轻松休闲、享受小吃乐趣的广场、道路、河流堤岸等户外空间和游憩场所的整顿与建设也是景观营造工作的重要方面。人们十分地珍惜在自然要素缺乏的城市中心区的户外空间与自然亲密接触中度过的美好时光。因此，采用通过树木营造绿荫环境、在滨水区域设置游憩设施等的处理手法，进行可供人们聚会、交往、尽享休闲时光的空间整顿与建设。

进行这样场所的整顿与建设，首要的是要做好同周边土地利用关系的调整。这与本书第4章中介绍的公园那样独立性较高的空间利用的场合多有不同。在市中心各种不同形式的土地利用中，建设怎样的场所较为理想？如何与周边的土地利

用状况（例如建筑物或河川、树林等）相协调？相互间怎样衔接才能取得最理想的利用效果……这些都是需要进一步研究和探讨的重要课题。

同时，进行可以为人们提供悠闲散步空间的城市中心区的建设也是当前面临的重要课题。营造给人以舒适感的、颇具魅力的林荫道和水边散步道的工作亦是景观营造工作的重要内容。现在，日本各地已经形成了许多非常出色的林荫道。本书中提到的在明治神宫外苑栽种的4排银杏行道树，在树木不断生长的同时，其魅力也在不断地增加。现在，在许多电影和电视剧中都可以看到在这里拍摄的场景。在每年的春季和秋季，都会有许多的游客来此欣赏这优美、独特的风景。

LANDSCAPE WORKS

实例 12　佐佐木叶二　长浜伸贵

在人造地面上营造的绿化广场

榉树广场

构想
规划
设计
施工
维护管理
运营管理

榉树广场全景。包括有森林展览馆和下沉式广场的"空中森林"

在新都心营造1hm²的森林景观

"埼玉新都心"作为分担部分首都功能的据点，于2000年春天在埼玉县开始投入运营。作为具有该新都心中枢功能的空间——榉树广场是以同以往完全不同的、全新的景观设计理念营造的都市广场。该广场的特征如同我们所称的"空中森林"那样，将栽种有220株榉树的、绿化丰富的大地，从地面提高7m，设于与新都心整体的步行者交通网的连接之处。

这是在1994年的国际建筑设计竞赛中，我们（凤技术咨询公司+NTT都市开发会社+Peter Walker, William Johnson&Partners设计组合）组织的设计小组提出的方案。该方案有幸获得本次竞赛中的最佳方案奖。以后，历经6年的岁月，规划方案得以实施完成。当时，我们在设计竞赛方案中提出以下3点设计概念：

①功能的象征化。在视觉上，使作为新都心"中枢功能空间的印象"形象化、象征化。

②周边地区的构成。拥有可满足众多人聚集的、热闹繁华、"以开展大众活动为中心的场所"。

③自然中的静谧。使树林中的"沉静与安稳感"空间化。

细想一下，按说这3点设计概念本来是完全相反的要求。

给予我们设计启示的是规划用地附近的冰川神社。那绿意浓浓的"神社=森林"就是街区的象征。平日，那里保持着静寂，而在举办祭祀活动的时候，则又成为热闹的大众活动中心地，具有与我们提出的设计概念相同的空间特性。当我们与美国著名的景观建筑师彼德·沃克（Peter Walker）先生谈及此事时，他提出了带有刺激性的建议："难道就不能将其用'反射=光的变化'、'个性=空间的特性'这样的设计语言加以表现吗？"

这是同以往单纯依据"形态"的设计手法有着明显不同的、强调表现心象风景的处理手法。以此为着眼点，我们通过传真等手段，与已经回国的彼德·沃克先生进行图纸上的交流。并决定采用在由铸铝格栅（条格状盖）和天然石构成的、完全平坦的人造地面上，以方格状形式栽种榉树的处理手法，在树林的下部营造适合人体尺度的户外活动空间。

通过采用将榉树等距均匀设置的处理手法，力求使人们在广场上的活动更具自由度，并且营造出人成为那里的主角、"人们的活动构成一道独特风景"的场所。

将广场的各层以各种形式的上下人流线从功能和视觉上加以连接，力求从景观效果上给人以浮动之感。因为，这并不是像以往那样将人造地面的地表作大地般的

66　第3章　为人们提供聚会、交往便利的空间设计

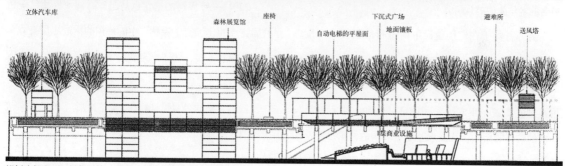

榉树广场立面。被提升的、拥有220株榉树的树林（照片提供：INAX）

装饰，而是将其作为"浮动的大地"，象征空间功能的本身。所有设施的位置和装修的样式都是以榉树的6m栽种间隔为基本模数，并且用带有横条纹图案的玻璃对建筑加以掩饰。通过采用这些具有一定通透性及映现效果的处理手法，从而更好地表现人们活动的热闹场景以及树林的季相变化，使广场更具开阔感。

像前面所讲述的那样，通过采用甚至将广场的各个部位均作为抽象化的空间要素加以提升的处理手法，使空间秩序的形成方法扩展到城市整体的设计方面，力求达到景观与建筑完全融合的设计效果。

在建设现场萌生的"想像力"与"判断力"

然而，在其后的从施工图设计到施工监理的五年工作实践中，我切实地感受到，在现实中，使当初设计竞赛时的构想成为现实是一件多么困难的事情。尤其，由于广场的整体形象是各个细小的局部的集合体，因此，在现场就如同进行"玻璃盒子"组装那样，甚至局部问题的确定都需要具有审慎的、从整体角度出发的想像力与判断力。

通过实物模型，进行景观效果的确认

在项目实施过程中，甚至对光叶榉树进行6m间隔的确定，就需要花费一年的时间。那是因为需要取得对此持有"间隔是否太小？""如果改变一下栽植的密度，那么……"等各种疑问的县政府方面的理解。对此，如果采用通常的模型制造和顾问咨询的方式进行研究和探讨，往往无济于事。为此，反复同各树木产地进行确认，并得到了县里有关负责人和榉树委

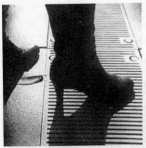

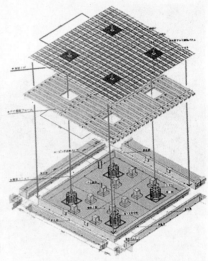

上/穿高跟鞋者也可以安全行走的铸铝格栅（条格状盖）
下/用新的铸造方法制造完成的树木根部铸铁护笼

建筑。被用于建筑护墙的带有横条纹图案的玻璃

包括植物栽培基础和设备系统的"浮动地面"系统

员会的各位先生的认可。

另外，对于在广场建设中所进行的新技术开发，我们多是在事务所绘制详细图纸、进行模型研究的基础上，尽可能通过现场的实物模型（同实物等大的、研究用模型）作进一步的研究和论证。例如，带有横条纹图案的玻璃的尺寸、从跌水处流下的水的波形、照明系统、即使穿着时髦的高跟鞋也可以在上面安全行走的铸铝格栅、可以耐受每秒60m风速的地下支撑柱以及混凝土板等都是在制作实物模型的基础上，进行成本方面的管理以及解决所出现的技术问题。

同工匠们的接触　在进行榉树根部地面保护设施——铸铁护笼的制造时，我们多次来到当地川口的工厂，向他们讲述我们的设计意图。如果采用原来的铸造方法，那么，无论怎样1.5m的线材都会发生弯曲。因此，最初，厂方不愿意接受此项工作。但是，当我们向其进一步说明"无论如何我们都希望采用铸造件。因为，在树木生长的同时，铸造件的表面也会接受时间的改观（稳定锈）。看上去就如同人类的表情"这样的设计旨意时，一下子燃起了拥有传统技艺的川口工匠们的引为骄傲的自豪之情。后来，他们花费了很大的精力，进行新铸造方法的研究和开发。

220株光叶榉树的选定也是当地造园业界集结全力共同完成的。"空中森林"中的榉树的树冠应呈直立伞状，且相互连接，营造出宛如广场"天盖"般的景观效果；树干2.2m以下部分没有粗大的枝杈。

根据这样的景观设计构想，我们制定了不同于通常树木标准的设计规则，并且，以北关东为中心，对全国各地约53000株树木进行了调查。从中仅精选出约4%的树木，建立树木管理档案，

支持榉树生长的人造地面及广场的剖面

夜晚的下沉式广场如同"灯光的海洋"

营造出浓荫蔽日景观效果的榉树的树林（摄影：细川和昭）

并在临时苗圃进行为期1年半的统一管理。

后来，一位施工负责人谈及往事时感慨地说："当时，工作专注得甚至连人都看成了榉树。严格的设计规则，反倒燃起了年轻造园师的工作的激情。"栽培用土壤也是在有关学者和从事实际工作的专家的大力协助下，经过县试验场的生长测试而最终确定的。

共同合作，从倾听他人的意见开始

在进行这样如此大规模的设计项目时，同多种专业部门的合作与配合起着重要的作用。在这样的场合，并不是由某个人说了算，或者嗓音高者起主导作用，而是始终坚持"可以给人以成功预感的主张"优先的原则。其判断的标准就是通常的模型和同实物等大的研究用模型。以此为依据，甚至连所有的细部、色彩以及素材等的研究都要花费大量的时间，直至大家对整体的景观效果达成共识，并对由局部涉及整体的问题形成共同的判断。

对于我们来说，在设计竞赛时的日本方面和美国方面、在负责施工图设计和施工监理工作期间的景观与建筑这样的各种形式的共同合作是"共汗=汗水流在一起"，是"共感=一起感动"。随着始终保持这样的姿态、采取同样的立场、相互交换意见的时间的积累，甚至大家都可以判明接下来对方将会做出怎样的判断。相互间的信任感就是从那个时候开始产生的。在发表自己的见解之前，首先倾听别人的意见，并且谈出自己的想法。此时，我确实地感觉到，所谓真正设计者不在于"资格"如何，"人格"才是最重要的。

佐佐木叶二
生于日本奈良县。神户大学毕业。在大阪府立大学大学院攻读绿地规划工学专业。毕业后，通过建设会社，在美国加利福尼亚大学大学院及哈佛大学大学院景观建筑学学科担任客座研究员。在参与"PWP"设计组合的工作后回国。现任京都造型艺术大学的教授。作为凤咨询顾问公司环境设计研究所的所长，在从事教育工作的同时，还参加了"榉树广场"、"六本木Hiruzu"等许多景观设计作品的创作以及设计评论工作。

长滨伸贵
生于日本大阪市。千叶大学园艺系造园学专业毕业。在凤咨询顾问公司环境设计研究所从事各种景观项目的实际工作。在"榉树广场"项目中，负责施工图设计以及施工管理方面的具体工作。2000年独立。现在主持规划设计事务所电子设计（E-DESIGN）方面的工作。

项目名称　榉树广场
所 在 地　埼玉县埼玉市埼玉新都心
竣工时间　2000年
委托部门　埼玉县
设　　计　凤技术咨询公司+NTT都市开发会社
协助设计　Peter Walker, William Johnson&Partners (PWP)
施　　工　西松建设等联合企业
交　　通　JR埼玉新都心站

LANDSCAPE WORKS

实例 13　秋山　宽

共同营造体现盆栽町地区特色的风景

玉市盆栽四季大道

体现盆栽町地区特色的盆栽园

盆栽爱好者聚集的街区

名为"盆栽四季大道"的建设项目是以埼玉县埼玉市盆栽町部分地区约15h m²的用地范围为对象的。正如其名称所表示的那样,这是关东大地震之后,以养花爱好者为主进行街区建设的、颇具特色的城市环境整备的规划与设计,是从1920年代开始,历经半个世纪直至1980年代,以身边生活道路的整备为中心,由市民、地方行政以及有关专家组成的研究会协同作业进行的街区建设工作。我作为造园方面的专业技术人员参加研究会,并从事地区环境整备规划的制定以及四季大道的规划设计工作。

盆栽町的地区特色及应该研究、解决的问题

规划设计的对象区域是位于从大宫车站周边的中心市区向北、冰川神社、大宫公园北面的盆栽町的部分地区。当时盆栽町的地区特色和存在的问题如下所示:

① 绿化丰富的住宅区

该地区是绿化覆盖率在百分之四十以上、拥有丰富绿化的地区,同时,也是埼玉县唯一的风景区。由于遗产继承等方面的原因,导致住宅用地的进一步详细划分以及建筑的重建,从而使得树林等的保护成为问题。

② 道路宽阔

对于住宅区来说,8~10m的道路是比较宽阔的道路。这些道路以所栽种植物的名称来命名,分别被冠以槭树大街、枫树大街这样的爱称。树木的存在和邻接的绿篱呈现出一道独特的道路景观。然而,宽阔的道路成为路上违章停车的场所,很多的时候,这里泊车的数量达200辆以上,给在这里生活的人们带来极大的烦扰。

③ 世界闻名的盆栽町

当时,我们进行该项目的规划设计时,该地区拥有11处盆花种植园,盆花的种植技术和所展示的盆花品种吸引世界上众多的养花爱好者到此观光游览。这在使该地区引以为豪的同时,也带来了许多值得关注的问题。例如,由旅游观光汽车在地区内道路上任意停放以及垃圾随意丢弃等问题引起的同当地居住者的纠纷;对于旅游观光者来说,这里的休息设施、洗手间以及停车场等设施尚不够完备等等。

④ 城市整体绿化中的节点之一

当时,大宫市将该地区确定为连接大宫公园和芝川绿化带的绿化网中的一个节点,力求进行以使其成为同城市公园完全不同的、具有独特风格的"绿色内客厅"为目标的整顿建设工作。

⑤ 汽车过境交通较少

该地区被干线道路所包围,周边设有铁路车站和公共汽车线路,是汽车过境交通较少的、步行者休闲散步型地区。

⑥ 有着注重环境建设的传统

该地区在最初建设时,就制定了有关绿篱的设置、用地面积的限度、盆栽花卉的养护及公开展示等方面内容

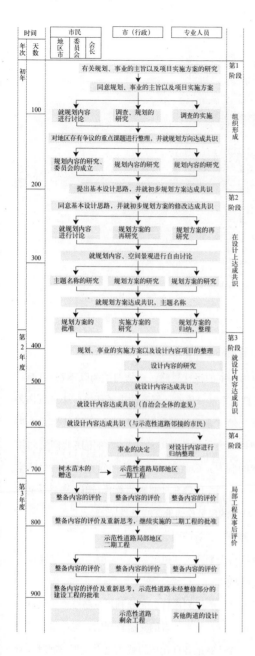

"盆栽四季大道"规划、设计程序

上/整修前的"道路"状况
下/整修后的"道路"状况

的相关规定，并且对于近年来新住宅区开发项目，也签订了相关的建筑协议，力求进行绿化丰富的环境建设。

在求得各方共识的同时，进行规划设计

为了在有效地发挥上述盆栽町地区特色的同时，解决存在的问题，进行更理想的城市环境的建设，在进行该项目的规划设计时，成立了由盆栽町的市民代表、市里有关部门的负责人以及包括我本人在内的专业技术人员组成的研究会。那是因为对于城市建设工作来说，担负城市基础建设工作的地方行政、在那里生活的人们以及从专业的角度对规划进行归纳整理的专业技术人员等各方人士集思广益、深入探讨，并且最终达成共识这一点是十分重要的。在本次规划制定过程中，根据所确定的"以在研究会上达成的一致意见为基础，进行下一步工作"的原则，进行规划基本构想、运用模型和幻灯等手段进行规划设计内容的展示以及部分区间示范性建设的评价等各项工作。其工作流程如右图所示。

1. 第1阶段（组织形成）

第1阶段是项目建设的初始阶段。首先，提出盆栽町地区的整顿建设构想，并且确定规划的基本框架。所提出的3个整顿建设目标是：①力求通过盆栽町道路改造工程的实施，使其成为实现地区生活环境质量提高的城市示范工程；②成为城市中为数不多的、盆栽花卉种植园集中的旅游观光地；③确保同城市绿化网和城市基础设施建设等相关规划和建设项目的整合性，并有效地推进其发展。接着，组织成立市民参与型研究会，并落实研究会的组成人选。研究会开始进行工作，讨论研究有关规划条件的整理以及规划设想等方面的问题。在此过程中，对需要由作为地区市民代表的自治会会长就研究会上所讨论的内容向作为地区市民的自治会会员进行报告以及就重要事项召开可以为地区全体市民提供直接参与讨论机会的恳谈会等事项作进一步的确认。

2. 第2阶段（就规划方案进行协商，并达成共识）

在第2阶段，首先，由研究会归纳整理出初步规划

第3章 为人们提供聚会、交往便利的空间设计

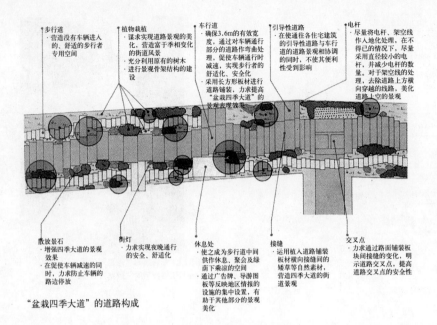

"盆栽四季大道"的道路构成

- 步行道
  - 营造没有车辆进入的、舒适的步行者专用空间
- 植物栽植
  - 谋求实现道路景观的美化，营造富于季相变化的街道风景
  - 充分利用原有的树木
  - 进行景观骨架结构的建设
- 车行道
  - 确保3.6m的有效宽度，通过对车辆通行部分的道路作弯曲处理，促使车辆通行时减速，实现步行者的舒适化、安全化
  - 采用长方形板材进行道路铺装，力求提高"盆栽四季大道"的景观表现效果
- 引导性道路
  - 在使通往各住宅建筑的引导性道路与车行道的道路景观相协调的同时，不使其便利性受到影响
- 电杆
  - 尽量将电杆、架空线作入地化处理，在不得以的情况下，尽量采用直径较小的电杆，并减少电杆的数量。对于架空线的处理，去除道路上方横向穿越的线路，美化道路上空的景观
- 散放景石
  - 增强四季大道的景观效果
  - 在促使车辆减速的同时，力求防止车辆的路边停放
- 街灯
  - 力求实现夜晚通行的安全、舒适化
- 休息处
  - 使之成为步行道中间供休息、聚会及绿荫下乘凉的空间
  - 通过广告牌、导游图板等反映地区情报的设施的集中设置，有助于其他部分的景观美化
- 接缝
  - 运用植入道路铺装板材横向接缝间的矮草等自然素材，营造四季新的街道景观
- 交叉点
  - 力求通过路面铺装板块间接缝的处理，明示道路交叉点，提高道路交叉点的安全性

方案，采用召开恳谈会的方式，由地区全体市民对其进行充分的讨论，并达成共识。在此期间，按照1∶100的比例制作完成的规划模型，在便于人们更好地了解规划景观效果方面起着重要的作用。地区市民对具体化的形象表现以及其中所表达的设计思想进行事前的评价，在共同的思考中，进行规划方案的编制工作，其本身有着重要的意义。

3. 第3阶段（就设计内容进行协商，并达成共识）

在第3阶段，研究会和恳谈会采用比例为1∶30的模型，对根据总体规划所作的初步设计和施工图设计的具体内容进行研究、讨论，最后，由研究会总括各方面的意见，并确定设计内容。恳谈会方面提出的问题包括铺装面的处理、连接各家住宅的小路、排水以及施工时间等等。因为，在此之前，已经取得了规划上的共识，所以，有关设计内容方面的探讨、协商进行得十分顺利。

4. 第4阶段（局部工程和事后评价）

在第4阶段，根据设计内容进行局部（110m）地块的施工，此间，多次组织进行现场考察及召开研讨会，对规划设计的内容进行认真的评价。虽然，此项施工作为示范工程，根据建成的结果，还可以进行变更，但是，研究会、地区的市民对此给与高度的评价，同意继续按原方案进行设计、施工。

规划设计方案的具体内容

经过上述过程制定的规划设计方案，其具体内容如下所示：

① 基本的设计思路

作为基本的设计思路，总结归纳为以下7个方面：①营造拥有丰富绿化的、舒适的生活环境；②进行作为旅游观光地"盆栽村"的环境整备；③进行作为全市绿化网规划节点的盆栽町的建设；④市民共同参与规划方案的制定；⑤将道路空间整顿建设为户外生活空间；⑥道路、广场等各种要素的有效利用；⑦将盆栽町的日本特有的风景作为地区的风景。

② 规划、设计的内容

该项目规划分为"道路"、"广场"、"住宅区"3个专项规划。

"道路"的规划设计。充分利用道路路面宽阔这一特点，根据汽车和步行者的交通量现状，进行道路类型的划分，并且制定各自相应的整顿建设规划。同时，对于构成地区绿化网结构的、呈コ字形设置的3条道路，进行如下页右上图所示的各项整顿建设工作。正如我们从图中可以看到的那样，为了将盆栽町街区所具有的恬静、安详的环境氛围通过道路扩展到整个城市，试图通过采用长方形混凝土板的道路铺装及其接缝处理、乔木、灌木、地被植物等的栽植以及兼有阻挡车辆进入作用的、用鸟海石加工的景石的配置等处理手法，营造出具有日本独特风格的风景。

"广场"的规划设计。由于这里的休憩设施和地区娱乐休闲设施较少，因此，规划建设近邻公园、站前广

被用于研究的模型

秋山　宽

生于日本东京都杉并区。千叶大学造园专业毕业。而后进入TAMU（タム）地区环境研究所工作。1984年任董事长，至今。从1996年起，担任东京农工大学外聘讲师。同时，作为一贯从事与规划设计相关联工作的民间技术咨询顾问，进行以不同场合为对象的绿地规划工作。并且，还承担了诸如"武藏旧区改造"等已明确规划概念的地方自治体的绿化总体规划以及"多摩平住宅区改造事业"中的绿地规划等通过与市民的共同合作、进行城市绿地的保护与建设等诸多项目的规划设计工作。1993年荣获日本造园学会奖。同时，还参与了由造园学会和技术咨询顾问协会等主办的专题研讨会、学术报告会等活动的策划、运营工作。

场、停车场、作为盆栽町地区象征的广场以及有效利用树林地的中央广场五项设施。其中，在作为盆栽町地区象征的广场上，设置有仿冰川神社宫司氏旧邸局部屋架建造的休息设施，使这里兼具休憩的功能。利用树林地营造的中央广场，正如其名称所表示的那样，经过简单的设施建设后对外开放，力求使这里成为市民休憩、消遣的好场所。

"住宅区"的规划设计。采取有效措施，最大限度地保全住宅区的绿地。如绿化区域的设定、绿篱的保护和栽培、促进绿化协定和建筑协定的签订等等。

该规划设计方案的特点是如何将人们心目中的地区形象用具体的设计语言加以表现。因为要营造在盆栽花卉栽培方面在世界上享有盛名的盆栽町的地区形象，所以，在设计中，采用将道路作为通达各建筑用地入口的引导性道路加以把握，并使街道整体呈现出日本传统的街道景观。

与此项工作相关的事情点滴

进行该项目规划设计工作时，正值在全国范围积极倡导进行步行者优先的、舒适、安全的道路"社区道路"建设的时期。因此，在设计中，我们开动脑筋，努力进行力求使这一理念具体化的设计尝试。但是，我们同时还提出，通过进行与盆栽町的地区特点相适合的、具有日本风格的道路景观设计，在实现道路人车分离的同时，要使道路整体给人以步行者空间的强烈意识。再有一点就是该项目是根据由市民、市行政部门以及有关专家、学者协力工作、形成共识这样的工作程序进行规划、设计的。

正如前面所介绍的那样，我参与了地区环境整备规划的编制和盆栽四季大道的规划设计工作。通过该项目的工作实践，使我在与许许多多的人协力工作、共同分享创作的喜悦的同时，更加深刻地体会到超越各自的主张，集中大家的智慧，就会创造出伟大的成果。

该项目的工作是通过对生活道路上的步行者和自行车交通量调查的实施以及表现树木和景石具体形象的模型的制作，集中了来自各方面的意见交流和调查结果等与研究会相关的所有人的热心的思考。对于我来说，该项目是从事景观建设工作以来、在不断摸索中度过的十年中，第一次使我产生"干事业"这样切实感受的、值得纪念的工作。该项目获得了与都市景观相关的奖项，并且，在杂志上还刊登了有关的介绍文章。同时，它也成为我日后参与市里各建设项目工作的契机。

参考文献

・田畑贞寿、秋山宽"市街地の緑空間整備における合意形成とそのプロセスについて"造園雑誌46（5）、1983

・秋山宽"大宫市の緑計画とその実現にかかわる支援活動"造園雑誌57（2）、1993

项目名称　　盆栽四季大道
所在地　　　埼玉县埼玉市盆栽町
委托部门　　大宫市
规划、设计　TAMU地区环境研究所
交　　通　　从东武野田线大宫公园站步行2分钟

LANDSCAPE WORKS

实例 14　长谷川弘直

构想
规划
设计
施工
维护管理
运营管理

进行从利用者视觉效果角度考虑的广场建设

神户异人馆大街　风见鸡公馆和北野町广场

嗨茄子！在风见鸡公馆前摄影留念的旅游观光者

拥有异人馆的街道　北野町山本大街　自从1977年10月以神户北野一带为拍摄外景的电视连续剧"风标鸡"在NHK电视台的早间节目中播出以来，这里的异人馆（译者注：所谓"异人馆"是指外国人居住的公馆）建筑一下子名声大振。

然而，1978年北野町山本大街在被指定为"历史建筑保护地区"（9.3hm²）的同时，还被指定为"都市景观形成地区"（45hm²）。这样一来，无序开发的城市建设行为得到了有效的遏制。

该大街为原外国人居住的公馆建筑与清静的海滨、日本风格的住宅建筑、时装商店、饭店等毗连、绵延的旅游商业街，通称"异人馆"大街。每年，大约有160万人的游客到此观光游览。

尤其，1909年（明治42年）建造的原为托马斯邸宅（トーマス邸。德国贸易商的住宅。两层，木结构建筑。外壁为砖墙，设有屋顶间，四坡屋顶）的、用石板瓦铺设屋顶的"风见鸡公馆"，在以狮子公馆、鳞公馆为首的26座公馆中，成为最具魅力的异人馆大街的标志性建筑。

异人馆大街正确的名称是北野町山本大街，位于神户六甲山南麓，地面标高：北端为100m，南端为40m，平均坡度为10°，呈陡坡状地形。在这条东西走向、狭长的、呈斜坡状的街道上，至今我们仍然可以欣赏到从明治时代中期开始融入日本文化中的外国人的生活文化所形成的特别的风景。

建造可以进行纪念摄影的广场　北野町广场是在1988年作为北野町中公园进行整顿建设的。其地形呈不等边三角形状，南北的高低差约为6～9m，广场的面积大约为1000m²。其建设宗旨是将在异人馆中最受大家欢迎的"风见鸡公馆"和隔东西向狭长街道与之相对的前广场进行一体化的建设，从而使之得到更加广泛的利用。

北野町山本大街作为"拥有建筑风格各异的外国人公馆的街道"是港口城市神户六甲山脚下有名的旅游观光地。一年中，有许多男女老少不同年龄层次的旅游观光者手持地图、导游手册和照相机兴致勃勃地在拥有外国公馆建筑、美术馆、饭店、西餐馆、时装商店等设施的大街上，尽情地享受观光、游览的乐趣。

在大街上，经常可以看到游人以外国公馆建筑为背景拍摄纪念照片的情景。当时，那里还没有以外国公馆

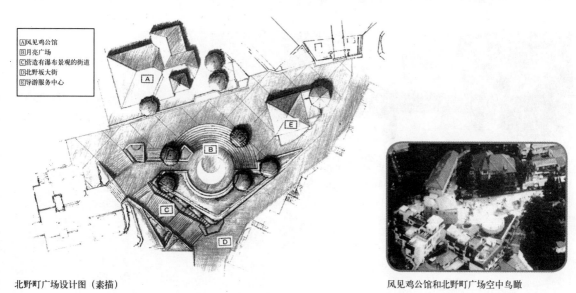

A 风见鸡公馆
B 月亮广场
C 营造有瀑布景观的街道
D 北野坂大街
E 导游服务中心

北野町广场设计图（素描）

风见鸡公馆和北野町广场空中鸟瞰

拥有作为异人馆大街象征的风见鸡公馆的北野町大街

异人馆大街的街道。北野町山本大街游览图（提供：神户市）

建筑为背景的空间和广场。市政府决定将以外国公馆建筑为背景的"可供人们拍摄纪念照片的广场"作为街道公园进行整顿与建设。我们的事务所有幸获得了负责该项目规划、设计工作的机会。

我是从建筑设计入手，自学了有关景观设计方面的课程。尤其，对于都市、建筑和景观设计有着浓厚的兴趣和深入的思考。将现代城市的街道景观与建筑巧妙地融入异人馆大街独具魅力的拍摄外景中，怀着浓厚的兴趣进行所要求的具有多种空间功能的广场和风景的创造，这是一个颇有趣味的建设项目。

广场设计概念的表现——"宇宙"

夏天的某日，我边走边思考广场的空间设计问题，信步从三宫往北、由山本大街来到北野町的异人馆大街，站在规划用地的高地处，猛然抬头仰望蔚蓝色天空的瞬间，眼前直观地呈现出"宇宙"这样的场景。

为了在空间、景观中具体形象地表现这样的场景，提出以下四点设计概念：

1 营造充分体现广场的建设主旨、可以进行以风见鸡公馆为背景的纪念摄影，且具有最佳取景效果的场所。

2 形成可以24小时灵活利用三角形的用地形状和具有高低差的立体地形的空间结构。

3 创造具有现代城市气息的、格调高雅、简洁、明快的空间形态和造型。

4 充分地体现六甲山系的优美街道景观和浪漫的、富

可爱的小姑娘和正在与观众进行交流的滑稽演员后藤晋司先生

圆形的月亮广场上云集着众多的游客和街头艺人

有诗意的港口城市神户的高地和可眺望风景的场所的魅力。

本规划的最大宗旨就是设法通过有效地利用该广场的空间功能，营造出与"风见鸡公馆"成为一体的"可以使用的空间"。

另外，很重要的一点就是力求通过纪念摄影、文化娱乐活动、音乐演奏会、街头艺人演出等活动的开展，使这里成为可以使更多的人有效利用的场所。

在此，并不是要营造用花草、树木装扮的色彩绚丽的供人们欣赏风景的广场，而是力求进行具有可以灵活、广泛、自由使用的空间功能和形态的广场设计。

根据这样的设计概念，将"宇宙"的无限广阔用"圆的造型"加以表现，并使之成为广场公共活动的中心。为了使广场给来访者留下更深刻的印象，在以花岗石为铺设材料的地面设计中，以上弦月作为"梦"的象征，以星星作为"生命"之神凯伦（人马星座）的形象，进行空间表现。

白色的水珠在阳光下闪着亮光、跳跃着从异人馆大街沿层层台阶向下流淌，汇成一道小小的瀑布，营造出"银河"般的景观效果。

由想像中的"宇宙"产生出的广场的设计构思，是在一起进行工作的室贺泰二先生提出来的。其设计构思与场所性相呼应，创造出一座可以给人以深刻印象的广场。

以广场为"地儿"，以风见鸡公馆为"图画"，两者巧妙结合的景观设计

从空间设计和景观设计的角度来说，属于景观领域的公园、广场以及建筑的外部空间等多种多样的开放空间被看作是"地儿"，而建筑则是被当作"图画"来加以把握的。

作为风景来说，存在着点缀性风景和背景的关系。

在此，我们将六甲山麓和北野町的街道风景作为"背景"，将以风见鸡公馆为"图画"、以北野町广场为"地儿"的风景作为"点缀性风景"加以把握。

广场的景观设计可以由：①设施、结构的形态和形状、素材、色彩、材料的材质；②草花、树木、岩石（景石）；③水流和喷水、照明设施；④广告牌、导游图板、座椅、花器等少量要素组成。

空间的设施结构以圆形和踏步式阶梯广场为中心，采用美观、耐用、质感高贵的白色花岗石为主要材料。

期待着这里能被人们称作"月亮广场"。设计时，采用以红色花岗石在白色花岗石的地面上勾画出月亮图案这样的红色与白色鲜明对比的处理手法，进行简洁、明了的景观表现。

以目前的街道为背景，供休息用的半圆形阶梯式看

长谷川弘直

生于日本福井县池田町。从建筑设计入手，自学了景观设计方面的课程。1972年成立事务所，担任都市环境规划研究所董事长。在进行景观设计时，采用注重现场主义的设计手法，不是单纯地依据晦涩难懂的道理和理论，而是以由体感产生的丰富的感性和现场的实际调查为信条，进行方案的设计。从2000年开始，先后在大阪大学、美作女子大学、兵库县立淡路景观园艺学校进修学习，重点学习作为专业工作的思考、技术、表现以及实施方法等方面的内容。

将广场装扮得绚丽多彩的艺术灯饰是意大利的艺术家维雷里奥·费斯蒂先生和居住在神户的作品制造者今冈宽和先生共同设计制作的"光雕作品"。（提供：Valerio Festi/I&F Inc./Kobe Luminarie O.C.）

台是采用肤感舒适的优质木材制作而成的。

对于景观的营造来说，作为主要元素的花草和树木要与异人馆大街的整体风格相协调，规划采用诸如德国的桧树和美国的山茱萸、榉树等具有象征性的树木，同时，将处于背景位置的六甲山麓和外国公馆建筑拥有的大片树林作借景处理。

灯光艺术　神户的灯饰

1995年1月17日清晨发生的阪神、淡路大地震在夺去了许多宝贵生命的同时，也使许多的东西同时失去。

外国公馆建筑也受到了不同程度的破坏，如部分房屋坍塌、墙体开裂、烟囱倒塌等等。震灾过后，成立了抗震委员会，通过修旧如旧的恢复重建工程的实施，使这些建筑又恢复了昔日的风貌。震灾时，旅游观光客和来访者的人数曾一度下降到41万人左右，现在，又恢复到震前的160万人以上的水平，地区呈现出一派生机勃勃的景象。

从那年的年末，以三宫为中心，使街道与广场巧妙地联系在一起的灯光艺术（神户的灯饰）将颇具魅力的异人馆大街和北野町广场装扮得绚丽多彩，同时，也给正处于城市复兴与灾后重建时期的"人与街道"带来了极大的勇气和感动。

以市民、居住者共同参与"专题研讨会"的方式，进行公园、街区的建设

北野町公园自不必说，公园等设施作为公共整备事业通常是由自治团体、地方行政实施建设，市民、居住者以及来访者进行利用的。

项目的规划设计是由市政府的专门职员和我们景观设计师（也可以称为设计咨询顾问）共同合作，在研究、讨论的同时，进行设计文件（包括设计图纸和说明书）的编制工作；由行政职员负责工程监理工作。然而，在此，直接利用公园和广场的市民和居住者并没有参与项目的策划工作。

因此，市有关部门积极推进"市民、居住者"、"行政部门"以及"专业技术人员（城市规划、景观设计）"三者共同参与（专题研讨会）的公园、街区建设工作的开展。

我作为社会志愿者的景观建设支援小组"阪神绿化联合组织"的成员，参与了以"进行拥有鲜花与绿色的城市建设"为主题的专题研讨会的策划工作。

对于我们来说，采用召开"利用者和建设者"共同参与的专题研讨会的方式进行景观设计，将成为今后设计工作中的一项关键技术和必要的工作。

项目名称　北野町中公园
所在地　兵库县神户市中央区北野町3—78—1
施　工　1988年
委托部门　神户市
设　计　都市环境规划研究所
交　通　从JR三宫站步行10分钟

第3章　为人们提供聚会、交往便利的空间设计　　77

LANDSCAPE WORKS

实例 15　田濑理夫

构想
规划
设计
施工
维护管理
运营管理

从对项目完成后继续成长中的绿色实施管理的过程中得到的启迪

ACROS福冈（アクロス福岡）
阶梯式花园

力求创造多功能城市空间的开端

福冈市中央区天神1丁目1番1号不仅是福冈市的城市中心，同时也是集中了九州整体中枢功能的、相当于城市中心区的中心的场所。在1876年至1981年的105年间，在曾为福冈县政府所在地的4.1hm^2的用地中，南侧的2.8hm^2用地已经建设成为附带拥有400个泊位的地下停车场的天神中央公园；对于暂定用作文化娱乐广场的北侧1.3hm^2的用地，为了征集与规划用地相适合的、有助于创建国际化、信息化、文化都市圈的提案，县政府主办了包括各个相关建设项目在内的设计竞赛。

参加设计竞赛

本次设计竞赛中有关建筑规划的基本指导思想是在谋求确保"公共空间"、"安稳感"、"绿色"的同时，使体现"象征性"、"高科技性"的、建筑占地面积近10万m^2的"高密度情报通讯设施"（当时暂称"福冈国际会馆"）融入处于高密度开发状态的天神地区的风景之中。

如果从市中心地区公共空间大小的角度去考虑，那么，自然希望将北侧的用地也作为公园进行建设。为了形成与天神中央公园连为一体的公共空间，试图将建筑物的大约百分之四十的部分作为地下空间，将距地面1层约60m高的屋顶部分建成绿化丰富的空中花园。作为建筑上的解释，产生出"阶梯式花园"和"建筑内部的中庭"这样两个概念。

如果将市民所希望的绿地利用与县政府要求的土地高密度利用作为对立的要求加以把握，进行规划方案设计的话，那么，因为双方都只能够从中获得百分之五十的满意度，所以，设计时，力求采用能够使两者有机结合、协调共存的处理手法。在规划的最初阶段，埃米利奥·安巴斯（エミリオ・アンバース）先生所做的概念性规划很好地表现出这一点。在建筑规划基本确定、"那么，如何进行阶梯式花园的绿化？"这一阶段，建筑师浅石优先生（ACROS福冈设计室总负责人，日本设计）曾试探性地和我谈及参加设计竞赛的事宜。

在"热带梦幻世界"项目中，我曾经和浅石优先生共同合作，提出了综合考虑建筑、设备、土木、造园等诸多方面、与冲绳的地区特点和当地的自然条件相适合的环境规划的设想，并承担具体的设计工作，取得了一定的工作成果。"如果是1hm^2人造地面的话，那么，就可以在上面做些什么！"这在福冈也是一个令人充满期待的提案。我马上前往设计室，并参观了那里的研究用模型。虽然称其为阶梯式花园，但是，如果从公园的位置向上看，眼前呈现的是"山"的风景。我们决定争取用1～2周的时间，完成项目的概念规划。因为是位于城市中心区的、包括有国际会馆、护照检验中心、音乐厅以及办公设施等的大型综合设施，所以，我觉得其上部的屋顶绿化采用营造可以使人感受二十四节气变化的、如同天然林般的树林的

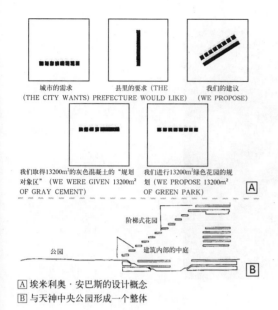

Ⓐ 埃米利奥·安巴斯的设计概念
Ⓑ 与天神中央公园形成一个整体

采用绘画中点画法方式营造的多树种混植的景观

处理手法，与规划的整体概念较为适合。

以营造颇具日本情趣的丰富的自然景观为主题

正因为是在市中心，所以，希望营造出能够表现四季变化的、富有自然情趣的风景。设计的主题为"风花雪月之山"。根据源氏物语中对四季庭园的描述，设计中采用营造"春之山、夏之荫、秋之林、冬之森"的处理手法，表现四季变化的自然景观。

作为表现早春的幼芽萌出、夏日浓浓的绿色、黄栌和银杏树秋天的红叶以及树叶落去略呈紫色的冬日的树林等自然景观的处理手法，我们提出是否可以通过采用落叶树占百分之四十、采用点画法处理方式栽种的混植林对建筑1～13层的南面表层进行覆盖的提案。"风花雪月之山"方案获得建筑联合组织的极大好评。竞赛方案中树木的栽植处理采用绘画中的点画法方式加以表现。

虽然，与由阶梯式花园营造出的地上空间相关联的公共空间的创造、同天神中央公园形成连续的整体、运用建筑中庭的处理手法使公共部门和民间部门有机地连接以及环游式的设计等方面受到大家的好评，被评为设计竞赛的获奖作品，但是，在具体实施时，附加有几个条件。其中之一就是有关"阶梯式花园的维护管理问题"。

设计的经过　当时，建造距地面60m高的屋顶花园尚无先例。台风袭来时，树木是否会被刮跑？在每年的给水限制期，是否需要对其进行喷水作业？屋顶是否会因此而发生渗漏？落叶是否会飞散到周边的地方？屋顶上栽植的树木是否也存在土地租赁期60年的问题？……针对人们的种种"担忧"，我需要创造出"令人感到放心的先例"。为了对群植树木的整体断面作同时兼具通风和防风效果的、如同海边防风林般的防风形处理，并且使之在实现雨水保持的同时，亦能应对大雨时的排水要求，设计时，采用仿效自然山体排水系统的设计构思，运用排放石笼的处理手法，使细部设计具体化。这些都是与建筑设计及设备方面的专业技术人员共同合作，反复商量确定的。那时，对此还没有现成的专门用语，我们尽量使用诸如"防风绿篱"、"(仅在雨季有水的）干涸的溪谷"、"每逢降雨时才拥有流水的河流"、"渗水口"这样容易使人理解的、形象表现的词语。与此同时，我们用两年的时间，通过相当于基准层2跨距、面积约80m²的实物大模型（同实物等大的研究用模型）的实验，真实地再现树木混植栽种用地，对诸如无

修学院离宫上面的茶室周边多树种混植的大株修剪整形树木（摄影：吉村纯一）

机质系人造轻质壤土施工法、运用石笼的排水系统、免浇灌、落叶的保护、树木支柱、树木修剪及落叶发生量、树种（色彩的搭配）、栽植最初时的景观以及其后的变化等诸多方面进行确认作业。该研究用实物大模型为阶梯式花园整体面积的百分之一，它对于正确地把握施工及其日后培育管理的工作量方面也起到极大的作用。

培育管理中的未来的风景 作为景观营造工作来说，了解和掌握有着300多年历史的修学院离宫上部茶室周边以混植手法栽种的多达60多个品种的大株修剪整形树木的树种构成及其经年变化情况的有关调查资料（1938年），是进行力求使事业主体、建筑联合组织充分理解最重要的采用点画法营造的多树种混植的景观及其未来形态的作业中的不可缺少的一环。

因为是初期栽种幼树、经过多年的培育管理、营造出使混凝土建筑具有山峦般景观效果的植物栽植，所以，如果在大家的脑海中不能形成对未来风景的共同印象，那么，也就不能有针对性地设定培育管理方面的详细工作。因为，没有目标的维护管理作业只不过是日常的工作，而远大的目标会使培育管理工作变为富于创造性的设计作业。

作为福冈的象征 为了使承担ACROS福冈的全部设施管理工作的EI·EF·BUILDING管理公司（エィ·エフ·ビル管理（株））理解培育管理工作的重要性，在提出"培育60年以上健康成长的山的风景"的工作宣言的同时，委托担任景观方面工作的我负责有关"为了实现'风花雪月'的目标景观，同承包植物栽植管理工作的会社协力工作，进行不改变当初设计主旨的监理工作"这样的培育管理的监理业务。虽然，这在当今也是少有的事例，但是，我觉得，作为景观营造工作来说，却是很自然的事情。

据说，面对人们在该设施竣工当初的批评和指责，ACROS福冈设计室总设计师、建筑师浅石优先生总是说："以孙辈的生活时代为目标，认真、踏实地进行绿

上/研究用实物大模型　1993年6月　下/研究用实物大模型　1994年8月

刚竣工时　1995年5月　　　　　　　　　　　　6年以后　2001年4月

色环境建设的工作姿态是难能可贵的"。并且，他还讲道："一般来说，以往的建筑物建设完成时是最富于魅力的，随着时间的推移，渐渐地失去光彩，不再那么引人注目了。而该建筑随着岁月的增加，越发显示出其独有的魅力。因为，谁都不曾见过这样的建筑，所以，要得到大家的理解，需要有一个时间的过程。"混凝土的建筑随着时间的推移被营造成为城市中心的"山"的过程，现在进展得十分顺利。该项目在竣工4年之后获得都市景观奖等奖项，并且，作为福冈的象征性的都市景观，正在被越来越多的人们所接受。

景观营造工作应有的状态　如果将同"生长"、"栖息"这样富有生命的事物共存的景观营造工作与建筑、土木工程、设备等方面的工作相比较，那么，前者在项目上所花费的时间断然要多出许多，且在规划设计阶段就可以讨论有关景观方面的问题。这是景观营造工作的最大特点，也是其魅力所在。项目建设完工之后，至今连续7年的有关培育管理方面的监理工作，使我得以从中获得许多有关植物混植栽培、利用无机质系人造轻质壤土的圆笼施工法、落叶的收集处理等旨在易于在屋顶这样存在诸多限制因素的环境条件下进行绿化建设的情报信息及细部处理的好方法。在此之后，我与浅石先生共同设计完成的"Ａｍｙｕｚｅ柏（アミユゼ柏）"、"读卖广告社"、

"水生生物保护中心"等"以都市生态环境恢复为目标的一系列项目的方案设计"也都与此相关联。"从初期阶段开始，整体的目标形象被明确地概念化，其后，所有的详细的决定都以这一概念化的东西为依据，从而使项目实施工作更加自然而然地、顺利地进行"。造园师盖莱特·埃克博（ガレット·エクボ）先生就环境形成的创造过程所讲述的这番话，对于景观营造工作来说，有着极其重要的意义。

田濑理夫
　　1949年生于日本东京都。在千叶大学学习城市规划和造园史专业的课程。1973年进入富士植木会社。1977年成立园艺工作室，现任该工作室的董事长。1978年～1986年间，参加了SUM建筑研究所的一系列住宅项目的工作（1982年～1986年该研究所在编）。对于开发策划项目，园艺工作室从感知、理解"土地"的状况及生态、地理、城市、建筑、土木工程、造园等综合的环境设计的观点出发，寻求项目的最佳方案。
　　主要作品有"兰花的故乡——堂岛"（获1995年日本造园学会奖）、"Akurosu福冈"、"Amyuze柏"、"读卖广告社"、"海蓝宝石般的福岛"、"花园式住宅（国营）"、"生态景观的小山丘"、"PAM"等。

项目名称　Akurosu福冈
所 在 地　福冈县福冈市中央区天神1–1–1
竣工时间　1995年
委托部门　第一生命保险、三井不动产、福冈县
设　　计　园艺工作室（景观）、日本设计、竹中工务店（建筑）
施　　工　竹中工务店等
交　　通　从福冈市市营地铁中洲川端站步行1分钟

LANDSCAPE WORKS

实例 16　小野良平

构想
规划
设计
施工
维护管理
运营管理

关注新城开发的景观建设

临海副都心象征性散步道

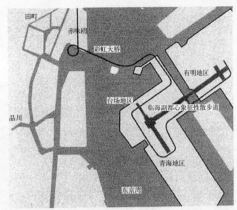

象征性散步道位置图

具有"象征"意义的散步道

与东京的"临海副都心"相比，"台场"周边的道路状况似乎要更好一些。虽然是位于现已成为东京都内屈指可数的名胜地的周边地区，但是，大概还没有来访者意识到这里拥有道路总长达4km的"散步道"。尽管那是因为还有许多区间处于"临时整备的状态"，但是，那里才真正是被称为"象征性散步道"的开放空间。蕴含着"成为新城象征"的希望的道路名称以及同不刻意突出存在感的实体的关系，似乎象征着包括散步道在内的临海副都心项目的整体。在这一空间中，我作为民营设计会社的技术人员，不过是该项目的一名相关者，在此，可以介绍给大家的决不是有关该项目的成功的故事，而是经历这样一个大型建设项目所感受到的许多课题的片断。

临海副都心项目的始末和象征性散步道

临海副都心是以东京都港湾区域的10号、13号人造陆地为中心、总面积约440hm²的、以空前规模规划的新城开发项目。近年来，站在专家智囊团的立场上，继续关注项目开发的平本一雄先生所著的《临海副都心物语》（中公新书，2000年）一书出版。从该书中可以了解到临海副都心建设项目的概要。之所以这样讲，是因为市民自不用说，就连我这样的本身负责该项目基层工作的工作人员，当时，也难于了解临海副都心开发事业的整体情况。

据同书记载，临海副都心开发项目可以追溯到1985年有关东京信息港建设的构想。当初，还没有进行副都心开发的意向，只是计划进行占地约40hm²的、以通信功能为核心的信息中心的开发与建设。1987年当时日本的经济正处于泡沫经济时期，在"关注民生"的口号下，谋求在社会资本整备中引入民间资金这样的政治和资本的作用力也发挥了作用，东京都政府决定将该项目作为与此同时进行的"副都心"构想中的一部分。建设用地的规模也扩大到448hm²。在该项目中，可以作为新城市基础设施的、被设想为城市轴的空间是象征性散步道。这是作为轴状的"中央公园"进行规划设计的、宽150m的线性空间。考虑到事业收支等诸方面的因素，最终，将道路的宽度确定为80m。同时，由于该用地为庞大的设备共同沟的线路所在，因此，近代城市规划很难实现通过这样的作为城市基础设施的公共空间构建城市结构的设想。在这个意义上可以说，这是在进行极其规划性的城市建设。

然而，副都心规划更是几经周折。在此，特别要

建设中的散步道（青海地区）。该地区原规划为办公事务街区

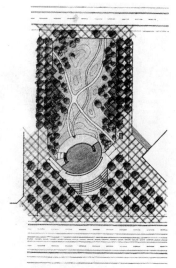

青海地区规划图

提出的是作为新城开发常规做法的博览会的举办规划（1988年）。对于散步道的建设，虽然在反复争论的过程中，曾一时决定采用硬质人造地面的方案，但是我们还是设法坚持当初确立的采用泥土地和绿色公园化建设的设计思路。在某种意义上来说，这应该是值得庆幸的事情。但是此时散步道的道路功能被博览会项目所左右，后来，所强调的"应该拥有娱乐休闲广场和散步道、能够举行庆祝集会、游行庆典活动以及各地的祭祀活动……"这样的主张，对散步道的道路功能带来很大的影响。大家一定都还记得，在当时经济不景气的形势下，因东京都知事的更迭，曾多次戏剧性地终止博览会项目的进行。而临海副都心在当时则是已经开始表面化的暗中进行的规划。不管怎么说，在博览会项目中止期间，包括散步道在内的城市基础设施和部分街区的整顿建设工作仍在继续地进行，剩余部分的街区则被临时利用。现在，这里作为与当初的临海副都心设想有着一定偏离的文化娱乐游览地，得到了大家意想不到的好评。

象征性散步道所追求的

在上述一系列项目进行的过程中，令人遗憾的是从景观的观点出发的、同规划整体的关系考虑得似乎少一些。当然，散步道本身就是一大成果这一点是毫无疑问的，但是这也只是停留在都市轴这样的都市规划观点上的印象，就城市整体景观来说，不可否认地还存在考虑不周全的问题。通常人们认为作为景观设计的作用在于其所具有的在规划的初期阶段对整体进行调整的立场的重要性。但是在面对像临海副都心这样的、非权威性存在、各种错综复杂的意见缠绕在一起的整体犹如一个生命体般运动的项目时，对"景观设计究竟在哪个阶段可以介入"这样的课题深有感触。

我参与该项目的实际设计工作是在将规划用地的宽度确定为80m之后的事情。因此，不可能了解当时事情的详细经过，特别是当初相当于现在两倍宽度的、进行公园化建设的构想（这是以业务委托的形式，在每个年度、就各个项目进行发包、承包的体制问题），同时，对路面宽度达80m的散步道也感到难于理解。即便这样，可以想像的是该公共空间基本上应该是可以使平日忙于工作的游人们放松身心的休闲空间。即那里或许是可以称为"远离都市繁忙的、世外桃源（虚幻的空间，虽然是比喻性的，但是，在此，暂且这样称呼）般的地方"。另一方面，在设计作业中，我们经常会被一些与散步道所追求的"象征性"这一特性产生摩擦、碰撞的问题所困扰。所谓作为城市轴的象征，其实，就是通过

有明地区（确保举办游行庆典活动时的人流线也是设计条件之一）

有明地区的夜景

形象的表现程度加以体现的。但是，在这里它被替换为前面所提到的在任何时候都可以举办文化娱乐活动和游行庆典活动的、非日常性庆祝和祭祀场所的象征性。建筑委托方自不用说，在我们公司内部召开的讨论会上，围绕其方向性展开争论的也是作为这样的非日常性空间的功能性和象征性的问题。譬如，在青海地区，虽然规划修建与广场规模相适合的小水池，但是，为了体现出象征性，该水池要比当初设想的大出许多（见前页照片）。

这是一个非常深奥的问题。公共性的项目必然会被人们期待应具有某些公益性的功能。然而，在这其中，坚持主张像公共空间那样的空闲空间本身的必要性是非常困难的。事实上，虽然，近代的公共造园一直热衷于主张公园等的功能的有用性，但是，并不认为那是社会无用空间。当然，如果不是这样认识，那么，唤起社会对自身职能的关注，则是很困难的事情。我觉得，如果社会在逐步走向成熟，那么，就必须在某个地方谋求其价值的转换。

公共空间设计所处的进退维谷的境地

在具体的设计阶段也会遇到令人感到棘手的问题。虽然，所谓的空间是以并非空闲空间的某个实体（在此，相当于各个空间的性质以及建筑物等）

为前提的概念，但是，当时，是在存有许多不确定因素的情况下，进行散步道的规划设计工作的。与其说是未确定因素，实际上是处于尽管制定有许多的"预定计划"，却在实行中屡屡受挫的状态。设计工作处于必须以泡沫般的预定计划为前提的进退两难的境地。越是希望根据经济发展趋势进行新城开发，并将散步道作为城市基础设施先行建设，其工作的难度就越大。虽然，在这样的场合，举例来说，或许"只确保建设所需用地，并进行与街区发展相适合的整顿建设工作"这样的论点是正确的，但是，之所以不能做到这一点，是因为这是一部将博览会这样的副都心整体作为非日常性的、举办庆祝、祭祀活动场所的规划。在工作实践中，我深刻地体会到，虽然人们通常认为计划中已经考虑到日后变化的因素，然而，现实情况并不是按照理论所阐述的那样进展。即便同样被称为城市基础设施，或许也还需要进行像交通设施和供给设施这样的骨架性的基础设施和像公共空间这样的、可以说是媒介性的基础设施的区分。

在各个空间的设计方面，由于这里是缺乏历史和场所性的地方，没有参照系，即设计的依据，设计工作十分的艰难。当然，在设计中也考虑到"自然"的表现方面。与其说那是表现生物环境的自然，其实，只是在表

台场地区黄昏时分的景色

现围绕人造陆地的、包含时间概念的风景。尽管空间完全是人工营造的，但是，在设计中还是要注重表现能体现时间推移的季节和昼夜这样富于自然韵律的风景。其事例之一就是对照明方面的考虑。这是因为它可以使人享受到白昼与夜晚之间的、包括人与物在内的、充满城市活力的部分风景。例如，在台场地区，考虑在充分利用宝贵的参照系东京塔、彩虹大桥以及海上风景眺望等因素的同时，在那里进行添加灯光装饰的空间建设。这样的空间在不断变化着的城市中将会怎样地存在下去？这是今后需要继续关注的课题。

在新城开发过程中描绘的城市未来形象不管在什么地方都只能是空想。因为，谁也不曾生活在那个城市，并且，谁也不了解那个城市。因此，规划与现实常常会发生改变，在某种意义上说，这或许是一种健全的状态。虽然，不知道这样大规模的建设开发今后是否会继续进行下去，但是，从始于大约100年前的、作为城市骨架的绿地的设计构思中，似乎可以感到这其中的有关公共空间的规划理论基本上没有什么改变。通过该项目实施，使我重新感觉到采用以新的"规划论"超越它，或者需要持有超出"规划论"的观点等进行空间规划的这种自相矛盾的处理手法，是我们今后需要进一步研究、探讨的重要课题。进一步振兴城市的力量基本上是资本和政治，建筑和景观只不过是处于其部分系统之下的某种行为。在成为这方面的专业工作者之前，或许应该更进一步地要求其明了"如何自觉地认识到自己同时是一名市民"这样理所当然的道理。

小野良平

生于日本栃木县宇都宫市。在东京大学农学部农学系研究科（硕士课程）造园学专业学习。1989年进入日本建筑设计会社工作。在土木设计部主要从事公共造园方面的规划设计工作。主要的设计作品有"临海副都心象征性散步道"、世田谷区玉川给水所儿童游乐园"温馨广场"等。1995年从该公司退职。现在，在东京大学农学部森林景观规划学研究室从事有关研究、教育方面的工作。在确立公共造园在近代史中适当地位的同时，探寻其理想的存在状态。作为有从事实际工作的人员和研究者共同参加的行业组织"景观网901"的成员，现正致力于景观评论园地的开拓工作。

项目名称　临海副都心象征性散步道
所 在 地　东京都港区、江东区
竣工时间　1996年（局部为暂定整备工程）
构　　想　三菱综合研究所
规划设计　日建设计（"梦大桥"除外）
照明设计协作　照明设计、规划设计人员共同参与
交　　通　从赤味鸥台场～有明站、临海线东京信息港站、国际展览中心站步行5分钟

第3章　为人们提供聚会、交往便利的空间设计

■历史造园遗产　3

明治神宫外苑的银杏行道树
作为人们活动舞台的林荫道·折下吉延

蓑茂寿太郎

建设的背景和经过

明治神宫外苑是为了缅怀明治天皇的遗德，在与明治神宫内苑相隔不远的地方，采用与内苑形成一体的处理手法规划、营造的。由于沿JR中央线建设了首都高速4号线，其存在渐渐被人们淡忘了。然而，连接内、外苑的神宫境域内的参拜用道路是引进美国的公园体系设计思想规划、建造的。沿着栽种有光叶榉树行道树的内苑及神宫正面参拜用道路，经过青山大街，在靠近外苑的地方，便是青山口。在长达约308m（170间。译者注："间"，日本的长度单位，1间≈1.818m）的区间栽种的4排银杏行道树在具有引导作用的同时，给人以豪华、气派之感。1916年（大正5年）规划设计、1923年（大正12年）栽种的这些行道树，现在，依然构成神宫外苑门前特有的风景。

作为造园空间的魅力

林荫道是同作为道路附属设施栽种的街道树的情形稍有不同的，以路旁并排栽种的树木为主体的道路。林荫道中栽种树木的排数不同，如随着2排、3排、4排这样的栽种排数的增加，道路所具有的意义也有所不同。代表着巴黎香榭丽舍大街的2排行道树将沿街的建筑物衬托得格外美丽、壮观；如果是像伦敦的供散步用林荫道那样，连同道路两侧栽植的树木包括在内、计6排行道树的话，那么，则有着超出道路本身的含义。林荫道一词源自某种球类运动场。外苑的银杏行道树为4排，居于前两者之间，在既是道路，同时又可作为人们活动、聚集场所的、可以巧妙地进行场面转换的空间中，显得格外富有魅力。平时，给人以清静、整洁、清爽之感的、视野开阔的大道，在作为步行者天国使用时，则呈现出一番完全别样的热闹景象。即使通常被两排行道树遮蔽的步道空间，也能够营造出可供人们轻松、愉快地开展绘画、写生等活动的文化空间。

崭新的规划

明治神宫是在通过明治时期的市区改造事业、东京逐渐展现出新的城市面貌，且在大正时期民主政治运动处于高潮期时规划设计的。外苑是同拥有神圣森林的内苑形成对照、作为近代城市设计的典范规划建设的。面向位于林荫道正面约420m开外的绘画馆、呈直线状向前延伸的林荫道是以法国平面几何式庭园为参照设计修建的。总计128株银杏树，是将采自同一棵树的树种，在1908年（明治41年）进行播种，然后，对生长7年的1600棵树苗进行精心挑选，选出的树木经过多年的修剪整形，在1923年（大正12年）3月，将树高为24~17m的树木依照高度顺序，由近及远进行栽植，以强调从青山口远眺的景观透视效果。折下吉延先生担任该项目的指导工作。

树龄96年、不久将迎来百岁树龄的银杏行道树，通过5年一次认真细致的修剪整形，现在，依然为我们提供着令人赏心悦目的优美风景。

银杏树带来的影响

在日本，有代表性的林荫道的事例可见栃木县日光市的杉树林荫道。以杉树为行道树的做法在日本较为多见。因为，在多数情况下是用作通往神社、寺院的参拜用道路的行道树，所以，不采用外来树种，且基本上是采用2排栽植的处理方式。

在明治神宫外苑将银杏树作为行道树之前，东京大学也曾有过先例。那就是安田礼堂对面的、亭亭耸立的行道树。但是，这是校园之中的栽植事例，作为道路空间的银杏行道树，在那之后，又发现了多处。横滨公园前面日本大道的银杏行道树就是根据震灾复兴规划栽种的。其后，日本全国的许多城市都开始将银杏树作为街道树。

在近年的事例中，有筑波研究学园城的洞峰公园，在昭和纪念公园中也栽种有2排银杏行道树，但是，那却是美国驻兵时代留下的痕迹。

折下吉延其人

对明治神宫外苑林荫道的设计和施工做出贡献的折下吉延先生（1881~1966年）早年毕业于东京帝国大学（现为东京大学），曾在新宿御苑工作。后来，为了就任教师之职，离开了东京。1915年（大正4年）作为营造明治神宫内、外苑的造园技师，回到东京，是对银杏树林荫道及明治神宫的营造工作做出重大贡献的人物。1923年（大正12年）的关东大地震后，在制定城市恢复重建规划的工作中，在公园规划建设领域起着主导的作用，并很快牢牢地确立了其公园规划第一人的地位。1932年（昭和7年），在满洲的城市规划编制工作中，其才智开始得以展露。从66岁复员回国后的20年时间里，通过直接指导全国公园规划工作的开展，在造园职能的确立方面做出了很大的贡献。

历史造园遗产给予我们的启示

上原敬二先生曾经讲过："从历史上看，法国和德国的林荫道可谓是最美丽的林荫道"。其原因是由于在进行林荫道的建设时采用了"将适宜品种的优良树木的树种在同一条件下进行播种、苗木在同一管理状态下生长、并将选出的树木在同一道路上进行栽植，且留出数年所需的补充苗木"这样的处理手法。按照造园界的常规做法，栽植用树木的品质、规格从以下3个方面进行确定：即树高、树冠宽度以及眼平处树干的直径。在我曾参与的埼玉县新都心的光叶榉树栽植项目中，甚至连树枝的伸展方向也纳入了选定的标准。如果要进行正确的造园，那么，就要选用优良树木的种子培育苗木，并对树木进行修剪整形，使用优良的素材，为市民营造优美的空间环境。我想，这样的使命正是无可替代的、造园家的追求。

历史造园遗产告诉我们许许多多这样的事情。那是否也是可以称作遗产的东西呢？

平成时代也已经走过了15个年头。或许将大正时期的遗产作为历史遗产的时期不久就会到来。作为形成城市风格的有效手法，人们对引入林荫道的努力重新充满了希望。

并排栽植的2排行道树。巴黎的香榭丽舍大街

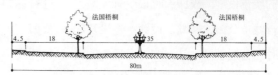

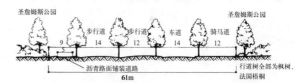

并排栽植的6排行道树。伦敦的林荫道（出典：ROBERT CAMERON, ALISTAIR COOKE "ABOVE LONDON" The Bodley Head London）

明治神宫外苑银杏行道树。完成数年后的道路景观（出典：《明治神宫外苑志》明治神宫奉赞会，1937）

现在的道路景观

蓑茂寿太郎
1950年生于日本熊本县。东京农业大学造园专业毕业。曾担任该校的助教、专任讲师、副教授，现任同大学的地域环境科学部教授、大学院造园学专业主任教授。以城市公园配置论为中心，进行有关城市环境规划方面的研究、教育工作。并就能唤起共感（有新意）的景观设计方法作进一步的研究和探讨。

第4章

为人们提供休憩、消遣场所的公园设计

现今，在城市中设置公园是很自然的事情。然而，在日本，到明治时代，公园依然是所建设的比较新鲜的城市设施。或许那时很少有人懂得应该如何进行城市公园的规划、设计、建设及管理。从明治时期营造了日本最初的、大规模的城市公园——日比谷公园以来，城市公园的建设和管理主要由景观方面的工作来承担。

在被人工构筑物包围的城市中，城市公园是作为可供人们在同大自然亲密接触的同时，进行休憩、运动等活动的场所而建设的。提到公园，人们的脑海中就会浮现出孩子们兴致勃勃地玩耍的场景。然而，最近，公园的建设者们开动脑筋，力求进行可以使包括老年人和残疾者在内的所有人都可以轻松利用，并且从中

LANDSCAPE WORKS

得到精神享受的公园建设。

在诸多的公园中,既有规模较大、游客在周末等节假日远道而来游玩的大型公园,也有规模较小、可供街区的人们顺便歇脚的小公园。对城市设施建设产生很大影响的、同小学校进行一体化建设的震灾复兴小公园是设想为孩子们创造丰富的户外生活而提议建设的。如前面所述,由于公园规模等的不同,其利用者与利用方式也会有所差异。因此,力求进行考虑到公园规模以及到达公园的距离、使更多的人能够在相同条件下平等利用的系统化的公园建设。使这样的城市公园体系符合时代的需求,并对其进行不断的调整也是景观营造工作的重要组成部分。

实例 17 吉田昌弘

充分体现地区特点、具有一贯性的公园设计

学研纪念公园滨水区（水景园）

上/在桥（空中的空间）上眺望大地景区的风景
下/在桥（空中的空间）上欣赏下端水池、阶梯状流水、上端水池以及背后山的风景

在使人感知历史的、丰富的大自然的环抱之中

学研纪念公园位于作为日本关西文化学术研究城（学研城）中心地区的"精华·西木津地区"，是为纪念关西学研城的建设而修建的。我作为一名景观设计师，有幸参加作为该公园象征的滨水区建设项目的从规划设想到具体实施的全过程的工作。该地区在从奈良时代开始成为京都这样日本历史上的舞台的一个街区的同时，还拥有山丘、梯田等颇具地方特色的优越的自然环境。尤其，滨水地区拥有充分利用谷状地形、分为上、下两端的贮水池，周边被生长有红松、橡树幼树等的杂木林所环绕，形成了独具地区特色的丰富的景观环境。

设计时，力求进行与学研城所具有的国际性、先进性相适合的、以在现代社会中充分体现地区的历史、文化及风土为目标的公园建设。其设计理念为"将公园建设成为可以使人们感受日本的风土、文化，进行交流、交往的场所"。同时，将位于其下方的滨水区（水景园，2.3hm²）作为具体形象地体现该设计理念的区域，其中包

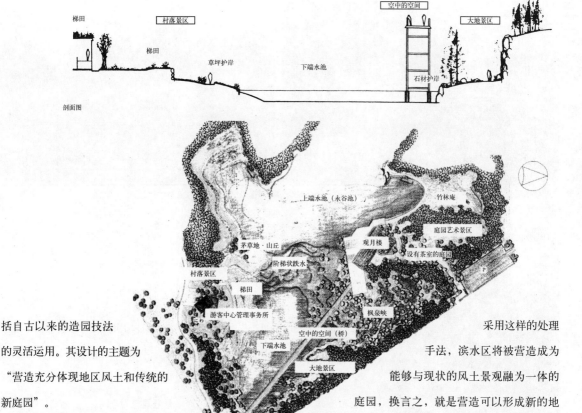

括自古以来的造园技法的灵活运用。其设计的主题为"营造充分体现地区风土和传统的新庭园"。

以摆脱传统的庭园营造模式为目标

要使设计主题在空间上得到具体的体现,关键在于作为其基础的基本设计构思。本方案的设计着眼于人与自然的交往方式,将作为规划对象的自然分为3个部分,并将其象征性地加以表现。具体划分为:史前时代的自然(令人难以接近的粗暴、严酷的自然),作为农田、山丘等生产、生活场所的自然以及作为艺术表现和游乐场所的自然。

这样考虑有两方面的理由。其一,在人与自然的关系中,进一步明确现状的山丘、贮水池等富有地区特色的风土景观的形成历史以及对其适当评价,并且,使来园者进一步理解其宝贵性之所在;其二,力求摆脱一味停留在对原有形式进行模仿的、日本现今的庭园营造方式,即我们提出了依据自古以来传统的造园技术,且注重风土表现的今后造园空间的理想状态。另外,我们还考虑到按照原有造园方式进行的公园设计,不适于学研城这样的具有国际性、先进性的城市空间。

采用这样的处理手法,滨水区将被营造成为能够与现状的风土景观融为一体的庭园,换言之,就是营造可以形成新的地区风景的庭园。这不是在以往的庭园中所见到的缩景技法和抽象化的空间建设,而是将焦点放在构成风土景观的要素和其空间规模方面,力求营造出使与之形成一体的风景逐渐展开的新型的环游式庭园。

强调立体化和动感的庭园设计

将地面平坦的空间划分为大地景区(史前时代自然的象征)、村落景区(生产、生活场所的象征)和庭园艺术景区(艺术和游乐场所的象征),谋求由上述景区与空中空间构成的立体化环境景观,并且,形成可以实现地表、水面和空中环游的庭园结构。

大地景区。通过采用随处设置给人以压倒般感觉的峭立的岩壁、裸露的岩石、岩床和大树的处理手法,营造象征太古时代的自然景观。

村落景区。通过采用设置农家(游客中心)、"院落"、其周边的梯田以及山丘和茅草地等处理手法,将作为生产和生活场所的自然环境提升为园林化的空间。

枫泉峡的风景。右侧呈格状的设施是小桥，左侧的深处是延伸至大地景区的岩壁

从村落景区欣赏观月楼和桥的风景

大地景区的风景。裸露的岩石、岩壁、大树

庭园艺术景区。除了采用将上端水池和下端水池之间的堤体作为阶梯状的水面（阶梯状跌水），创造出从下端水池到上端水池水面连续展开的宏大景观，并将贮水池纳入庭园空间的处理手法之外，在"枫泉峡"景点的设计中，灵活运用传统的造园技术，借助枫树的树丛和不规则设置的池泉，细致地表现一种"别样的世界"。并且，在阶梯状流水和"枫泉峡"之间设置作为公园主景点的"观月楼"。

"空中的空间"。从功能上来说，是指作为从公园入口连接"观月楼"的主要人流线的桥。因为是处于距下端水池水面10m的空中位置的狭窄小桥，所以，这里成为同平地的各个景区完全分离的空间。同时，它还具有区分大地景区和乡村景区的限界作用。由于处于空中位置，因此，得以从平地解脱，可谓是有着一种被净化的氛围的空间；并且由于在可供游人俯视平地的各个景区的同时，营造出水面、岩壁、树林、背后的山丘以及向空中动态扩展的景观，因此，这里也是超越"时间的步伐"，使人们对"遥远的未来"产生无限遐想的空间。

设计阶段的协同作业

要进行需要涉及这样大规模的土木构筑物、贮水池的整修、复杂的水循环设备、桥梁以及建筑等诸多方面专门技术的造园空间的规划与设计，就必须进行有各个专业的技术人员共同参与的协同作业。虽然，主题的确定、整体的空间构成以及项目的初步设计主要是由包括担任项目总负责人的我在内的景观设计师研究、确定的，但是，在具体设计阶段，则按照所划分的各个专门部分，进行作业。此时，应该使大家明了并始终意识到要进一步地思考和完善设计主题及初步设计，并使其体现在具体的设计工作之中，很重要的一点就是在进行设计作业时，相关的设计人员、技术工作者不是单纯地局限于自己的专业领域，而是自由地发表自己的见解，提出好的解决办法，并且从中找出最佳的方案。在各个具体的工作环节，有着土木和建筑方面经验的景观设计师扮演着核心的角色，积极地进行各方面关系的协调，从而使各类不同专业的技术人员和设计工作者能够形成共同的认识，

在小桥上欣赏阶梯状流水的景观

在观月楼的甲板上欣赏上端水池的风景

在现场进行设计和施工方面的调整

在各自的工作中努力发挥自己的积极作用。

进行诸如天然素材的使用、营造富于微妙变化的地形等造园工程中的具体工作时，单纯依靠设计图纸是不能充分地表现设计意图的。因此，无论如何也要在现场进行设计，人们将其称作"设计监理"。我和几位设计人员（常驻）共同担任项目的监理工作。由于工程是被分为十几个工区委托施工的，因此，经常要面对需要进行各工区间调整等各种各样的问题。为此，我们每周召开一次有负责设计、施工的人员以及相关者参加的研究会。在会上，不仅对工程中出现的各种问题进行协调，同时，还就有关技术、设计等方面问题作进一步的研究和探讨。这样一来，可以有效地谋求设计者和施工者的思想沟通，从而，确保全工区的设计一贯性和施工水平的均质性，营造出充分体现设计意匠的景观环境。

正如前面所讲述的那样，实施多方协同作业和设计监理是此番的最大特色，对此，应该给予足够的重视。再有一点，就是对于包括建筑、土木在内的项目具体实施工作来说，由于景观设计师所起的主导作用，使得该建设项目从总体规划到设计、设计监理等各个环节得以连贯地进行。项目的总负责人自不必说，作为一名景观设计师，对此也感到无比的喜悦。反过来讲，正因为是景观设计工作者，面对已经营造完成的宏大景观才会感到如此的骄傲和自豪。

吉田昌弘

生于日本大阪府。京都府立大学农学部林学专业毕业。而后进入井上造园设计事务所工作。主要从事公园、庭园的规划设计、河川、道路等环境整治项目的规划设计、绿地规划以及景观形成规划、旅游观光规划等与景观建设相关联的各个领域的工作。

作品《梅小路公园》获日本造园学会奖、全国都市公园设计竞赛大臣奖（第1届、第11届、第17届）、切尔西花卉展览奖（金奖、最优秀奖）以及其他诸多奖项。始终追求"与地区风土、文化紧密结合的景观建设"。现任空间创研的董事长、景观技术咨询协会的理事等。

项目名称	学研纪念公园水景园
所 在 地	京都府相乐郡精华町植田地内
竣工时间	1994年
委托部门	京都府
设 　 计	空间创研、园林设计、空间规划（景观）、吉村建筑设计事务所、建筑构想企划建筑事务所（建筑）、土木工程（土木）
施 　 工	花丰・齐藤・上田企业共同体、小林・都・上野企业共同体、茨木・小岛・大平事业共同体、Chikiriya・北尾、庭雅企业共同体、高石・筒城・津田企业共同体、宝建设工业
交 　 通	从近畿铁路京都线高原站乘坐公共汽车约需10分钟

LANDSCAPE WORKS

实例 18 金清典广

构想
规划
设计
施工
维护管理
运营管理

与艺术家一起，在尝试摸索中进行游乐场的建设

国营昭和纪念公园
儿童之林

游乐场建设的开端 　国营昭和纪念公园位于距市中心往西35km处，北邻狭山丘陵，南面靠近多摩丘陵。该公园是在原美军立川基地的部分旧址上建设的，规划面积为180hm²的大规模的公园。相对于城市中的一般性公园多是由自治体进行建设、管理来说，所谓的国营公园就是国家设置的公园，是作为国家的纪念事业的一环，或者超越都、府、县的行政区域，从广域的角度考虑进行设置的。即昭和纪念公园也是被作为国家纪念事业的一环进行建设的。其建设的基本理念是纪念昭和天皇陛下在位50周年，以"绿色恢复和人性提高"为主题，为现在乃至将来的国民提供在自然的环境中培育健全身心、培养聪明才智的场所。

国营昭和纪念公园工程事务所接受了项目委托方提出的希望建设拥有与众不同的先进设施的儿童游乐场的要求，并且提出了建造新型游乐设施以及游乐项目开展的可行性方案。为此，组成了有艺术家、建筑师等诸多方面人员参加的项目推进小组。我作为景观建筑师，在负责小组整体协调工作的同时，还要从整体布局和景观构成的角度出发，进行规划、设计以及以实现设计意图为宗旨的施工指导工作。

与儿童相关联的环境状况 　城市结构的变化、教育观的变化、物质环境的变化、身体和心理方面的变化、同大自然交往方式的变化、自由支配时间的变化……与孩子们相关联的环境正在发生着很大的改变。受到了太多的事实上的刺激，获得接触真东西的感觉的机会正在逐渐地消失。因此，在进行游乐场规划时，力求将其建设成为有利于儿童的"身体"和"心理"均衡发展的游乐场所。同时，还要使其成为"大人们也可以享受其中乐趣的游戏场所"、"小大人似的初中生和高中生重返童心、尽情玩耍的场所"以及"身体残疾者也可以和大家一起愉快地进行游戏活动的场所"。

诱发好奇心的游乐项目的开发 　首先，研究引入独特、新颖的室外游乐设施。

由网面构成的游乐设施——"蹦蹦床"是在世田谷冒险游乐场的活动中，与艺术家堀内纪子等人经过各种试验、研制开发的游乐设施。在"蹦蹦床"的网面上玩耍的孩子们，大家会一同地晃动，一旦有人做蹦跳的动作，那么，"蹦蹦床"上的并未做动作的其他人也会随之一起弹跳起来。残疾者也好，幼童也好，只要同在上面玩耍，就可以进行相互间的某种交流。

营造雾天景观的游乐设施可以根据不同的环境条件，为游人营造出富于不同变化的雾霭景观。受湿度、

由网面构成的游乐设施

营造雾霭景观的游乐设施

给人以软绵、轻飘之感的充气膜游乐设施

第1次方案

最终方案中的部分园路设计　轴线

日照情况、风以及地面状况等因素的影响，有时会出现雾气上升、随即很快消散的现象，有时又会出现雾气在低洼处滞留、呈现大雾弥漫的情景。浓雾阻挡了人们的视线，同时，也调动了人们平常不使用的感觉神经。并且，由于雾的运动，游人还可以欣赏到看不见的风的运动等等。

充气膜游乐设施为游人带来了富于动感变化的运动项目。在其上面行走，会给人以轻飘飘的、犹如在月球上漫步般的感受。

在第1次设计方案中，主要是结合规划用地的特点，进行上述游乐设施的布局设计。

轴线的发现和富于变化的地形（空间的多样性）的创造成为摆脱原有设计、寻求新方案的契机。

轴线的发现　在儿童之林第1次方案的设计阶段，还未能完全掌握规划用地的环境结构，设计工作主要停留在对各种新游戏环境的布局设计方面。在此阶段，对平面布局尚不能做出明确、清晰的解释，且不能具体地表现出详细设计的景观效果。为了明确地表现规划意图，从规划用地上发现了两条轴线。这就是超出规划用地范围的南北轴和沿着青栲树行道树、呈东西走向的东西轴。据此，作出了第2次设计方案。虽然轴线也被用于强调等级的概念，然而，在此，它是被作为可以产生连接效果的手段而采用的。南北走向的轴线是超越时空、连续的轴线。它表示日、月、星辰等诸多的概念。

有人提出林中的构筑物可以采取模仿树林中树木结构的表现手法。在设计中，我们决定采用模仿林中树木枝条伸展形态的结构。将该构筑物的骨架平面展开，作为木制的甲板、进行重新构成的就是东西走向的轴线。甲板也如同树木枝丫自由伸展那样，呈现出轻松、舒展地向外延伸的树木分枝状景观。它与位于其北面的树林等巧妙地连接在一起。

地形的变化，多样化的空间　地形的起伏变化可以营造出表现丰富的环境景观。由于地面倾斜方向的缘故，对太阳光线的接收方式也会有所不同。坡面的上部与下部其湿润的程度也各不相同。富于变化的地形也带给孩子们新鲜的感觉。地形起伏具有的韵律同感情的起伏相关联。作为一种尝试，

飞龙砂场

最终方案中公园园路的整体设计

路面铺装

规划在公园中设置试图使游人看到泉水涌出的洞穴，并且，利用挖掘出来的泥土，堆造一座大山。这些都是在南北轴线上展开的。从不同的方向望去，这座山呈金字塔的形状，山上被生长繁茂的树木所覆盖。

如同生物界是多样的那样，我们生活的世界也是多种多样的。从相互承认其各自多样性的时候开始，就产生了共生。在本方案中，我们试图在儿童之林中引入各种不同的形态内容。在此，并不是要强调各个形态的孰优孰劣，而是为了使引入的设施易于被游人所识别，因此，采用了导入具有鲜明特征的形态的处理手法。例如，金字塔形、火山形以及球体等等。不管其体量如何，都具有同等的价值。不论是大的山峰，还是低矮、起伏的山丘，抑或是小小的马赛克镶片……不论其大小如何，都进行认真仔细的处理。

根据这样的设计思路，完成了第2次方案和第3次方案。在第3次方案中，更多地采用了建筑的要素，然而，日后大多未能实现。

含意丰富的园路设计

用于公园管理的交通路线尽量不要在设施利用区域内进行设置。因为，车辆的通过功能会导致游人在该区域内活动自由度的丧失。

道路的表面铺装，力求使其具有供人与物从上面通过以外的意义和功能。呈三角状、前端逐渐狭窄的小路和只明确地表示路缘、呈草原景观的道路的设计，采用了使其呈现透视等效果的游戏的要素。笔直的平板路和呈三角状、表面经过抛光处理的道路，可以诱导人们进行各种各样的活动。同时，弯曲的堤上小路还具有转换心情的设计效果。

如果从当初的规划来看，在最终的规划方案中，要求在园内任何地方都采用步行的交通方式，因此，园路的设置显得十分的不足。

空间的分隔处理

为了使游人能够在独特的环境氛围中享受游戏、消遣的乐趣，在设计中，我们运用各种方法、手段，进行空间的分隔处理。试图通过采用栽植成排树木、修筑土堤、堆造山丘、营造竹林以及栽种灌木丛等处理手法，有意识地设置各种行进障碍。

游人在不断地发现新空间的行走过程中，更加感觉到公园的深邃和宽广。

协同工作的成果

如果没有参与者相互间的理解，就不可能进行协同作业的创造活动。在本方案进行的过程中，参与项目工作的各方人员相互尊重、

第2次方案　　　　　第3次方案　　　　　第3次方案整体模型　　　　儿童之林平面图

相互影响，直至方案的最后完成。在此前进行的艺术活动中所作的种种试验以及就有关儿童游乐项目所作的研究和探讨，终于有了最后的结果。如果没有艺术家们每日的辛勤工作，或许根本就不可能做出拥有网面蹦床游戏区（堀内纪子）、雾霭景观游乐区（中谷芙二子）、充气膜游乐设施活动区（高桥士郎）等这样独特、新颖的方案设计。同时，建筑表现形式和造园表现形式的巧妙结合，使得空间的整体构成更具多样性。飞龙砂场的建设也得到了马来西亚有关工作人员的支持和帮助。

在工程施工的现场　　在工程施工现场，有时候需要我们具有疯狂般的工作热情。飞龙砂场正是这样的建设现场。在施工现场，我们一边将设计方案中不能完全表现出来的部分按照原来的尺寸进行核实，一边进行施工建设。在现场工作的人们能够保持高度紧张工作状态的时候，在这样的时候完成的作品常常会给人以更多的感动。

据说，公园建设完成之后，作为约会的场所和高中生游玩的场所，一时间，"儿童之林"成为他们经常谈论的话题。因为，以往在繁华的大街上闲逛是他们每次游玩的必定内容，所以，当看到人们在公园中尽情地游戏、玩耍，享受其中快乐的场景时，内心感到十分的欣慰。

"孩提时代我就在那个游戏场玩耍，希望再多建设一些那样的游戏场所"。在公园建成十年后的今天，人们来到会社，希望能参加会社工作。这使我重新地认识到进行遵循一贯设计理念的、持续进行的规划设计以及维护管理、运营管理工作的重要性。

"对于项目施工中面临的种种问题，不能仅仅依靠设计者的设计方案，现场的实践活动或许是解决问题最有效的手段。"现在，高野景观设计会社已经将事务所迁移到北海道，我们在拥有自己的工作现场的同时，正积极地拓展活动的领域。

金清典广

生于日本香川县善通寺市。日本千叶大学园艺学系造园专业毕业。而后进入高野景观设计会社工作，随即被派往马来西亚工作，在那里受到了英国式专业作风的熏陶。此后，与当地的建筑事务所共同成立了高野景观设计会社第3设计组。回国后，重返会社工作。参与同从事建筑设计方面工作的象设计集团等单位共同承担的项目的有关工作。在指导法国的造园师进行台湾的公园规划和巴黎市郊区的阿尔贝卡昂日本庭园项目的规划、设计、施工、施工监理以及维护管理等工作的同时，也承担项目的具体工作。今后，将努力致力于与市民共享建筑行为乐趣的公园建设工作。

项目名称　　国营昭和纪念公园　儿童之林
所 在 地　　东京都立川市绿町3173
竣工时间　　1992年
设　　计　　高野景观设计会社（高野文彰、金清典广、青木成年）（景观）、象设计集团（富田玲子、佐藤孝秋）（建筑）
交　　通　　从JR立川站步行15分钟

LANDSCAPE WORKS

实例 19　三宅祥介

从不同利用者角度考虑的、具有广泛适用性的设计

Rinku公园（りんくう公園）象征性绿地南区

构想
规划
设计
施工
维护管理
运营管理

上/春分、秋分时日落的方向
下左/冬至时日落的方向
下右/夏至时日落的方向

项目的背景

1994年建成并投入使用的关西新机场是在大阪府泉佐野市距海岸5km处的海上采用填海造地的方式建造的机场。并且，通过连通桥与本土连接。在进行海上填海造地工程的同时，在桥的另一端本土一侧也实施填垫工程，新建成的街道就是空港城。同其他通过填垫方式修建的街道的不同点在于其海岸线全部作为公园进行开放。桥梁引桥部分的两侧就是被称为象征性绿地的公园。从机场出发，通过连通桥，最初映入眼帘的就是公园的风景，它应该是通过某种形式使人感知日本的风景。并且，还要力求使其成为与在新街道的整体景观形象中所处的主导地位相适合的风景。因为，最初站在规划用地上的时候，那里只有直立型的混凝土护岸和一片平川的人造陆地，给人以远离大海之感，因此觉得无论如何也要设法拉近与大海的距离。同时，还强烈地感到运用土方工程的处理手法表现大海辽阔宽广的必要性。

设计作业

在最初着手进行设计时，谁都希望能够了解和掌握左右那一地方的规律性的东西（空间的秩序和法则）。由从冬至到夏至期间那里是观看海上落日的场所这一点，可以明了连接春分日和秋分日太阳升起的方向——正东和日落的方向——正西的东西轴就是左右该地方的轴线。并且，将冬至日和夏至日日落的方向作为副轴线。接下来，就是如何将这些要素进行视觉化的处理。

接着，作为使人近距离感受大海的设计构思，引入被称做"内海"的、呈海湾状的海水水面，并且，还营造了海滨的沙滩。在此，所面临的问题是由于营造了海湾，同时，也引入了护岸线。所以，需要全面地进行作为第一道堤防的构筑物的建设。问题的关键在于如何处理好景观美化的问题。在具体实施过程中，采用了两种处理手法。其一，将已经建造完成的护岸加以掩埋；其二，将护岸的砌石不加任何修饰地作为景观美化的素材。尽可能地采用后者。由于要求护岸石需具有一定重量的缘故，这反倒使我们得以营造出颇具力量感的景观效果。在进行砌石作业时，尽管可以将图纸上描述的景观效果完整地进行传达，但是，实际施工时，基本上是在施工现场进行具体指导的。

我认为，景观营造工作就是对人与自然的关系进行必要的调整。那个地方所具有的自然力和自然法则，读懂它，并且，将其准确地表现出来，用易于理解的表现手法传达给人类，这就是景观营造工作的一个组成部分。当它被以使人心灵震撼的、易于理解的方式巧妙地

兼作护岸的景观美化工程

包括太鼓桥、内海在内的公园全景

上/兼作护岸的景观美化工程
下/砌石景观素描

加以诠释时,人们将从中获得感动。

具有广泛适用性的方案设计　营造出任何人都会被感动,并且渴望能够再次游玩的空间当然是最重要的。然而,我们还应该认真地思考"真的能营造出任何人都可以利用的空间吗?"当然,利用者中也包括老龄者以及身体或精神上有障碍者。因此,设计时,需要清楚地了解其感觉困难的症结究竟在哪里?并且,最好使这些人能够不借助他人的帮助、独自或者和朋友、熟人一起,且不会给同伴增添麻烦地来这里休息或游玩。像这样,不区分利用者、任何人都可以利用的设计就是具有广泛适用性的设计。并且,重要之处在于不仅仅可以利用,而且,要使所有的人都可以同样地利用。在设计中,应该尽可能地遵循"同样利用"的原则,在难以实现的场合,亦应遵循"平等利用"的原则。

周密构思的公园环游路线　以任何人都可以利用为宗旨修建的、全长1km的公园环游道路就是游人的"行进路线"。即使慢慢地行走,20～30分钟也可以在园中环游一周。

在整条环游道路的路面中间部位均铺设有不锈钢材料的半圆柱体形的导轨。沿着导轨行走,即使是视觉障

夕阳映照下的内海

上/导游板上登出的情报信息
下/在公园环游道路的路面上敷设的导轨

碍者也可以不迷失地在园中环游。因为,该路线是从园中几乎所有能够吸引游人驻足停留的景点通过,所以,即使不去打听、询问,也不会与之错过,可以说,这是一条展现公园大致风景的游览路线。因此,一般人也好,轮椅利用者也好,都可以方便地利用。像这样,由于是单一路线的缘故,人流线的清晰、明了在平面布置和广告、标识的规划设计中显得尤为重要。除此之外的路线选择,由游客自行判断。

获得必要的情报　老龄者、身体有障碍者以及体弱者对于诸如将要行走的路线需要花费多

向游客出租在水中也可以使用的轮椅

从太鼓桥上欣赏到的风景

借助小型录音机进行景点情况介绍

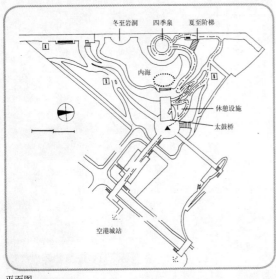
平面图

享受观景、休闲的乐趣

太鼓桥桥拱的最高处可谓是视野最为开阔、可供游人眺望公园全景及海上风光的极好观景点。它不仅仅起着桥梁的作用，而且，是被作为重要的观景设施而修建的。由于太鼓桥特有的、随着移动的脚步风景戏剧般展开的观景效果，许多来访者站在桥顶，面对尽收眼底的公园的全景，不禁发出由衷的感叹。大家都想获得与此相同的体验。游客可以利用作为休憩设施的建筑物的内部电梯到达二层的位置，然后通过天桥来到太鼓桥的桥顶。同时，该休憩设施还有其重要的存在理由，那就是这里的观景效果最佳，且可以方便地到达。之所以这样讲，是因为对于体弱者以及一般人来说，在大风天和寒冷的气候条件下，难于享受观景的乐趣。本方案旨在建设能够使上述人群在如此的气候条件下也可以轻松、惬意地欣赏风景的场所。

长的时间？途中是否存在危险？能否再返回到原来出发的地方？前面会有哪些值得期待的好去处等问题怀有极大的兴趣，并且，这也是所面临的切实问题。因此，在行动开始之前和行进途中需要获得确认自己的选择是否有误的有关情报。前面介绍的路面导轨也是情报传达的一种方式。除此之外，还设置了通过触摸感知的标识和借助声音进行引导的设施。当然，触摸感知标识是与通常肉眼所见标识通用的。如果沿着路面导轨行走，在希望游客停留的景点设置促使游客在此驻足的广告、招牌以及介绍该景点的文字说明。重要的是要使即便看不到上述设施者也可以获得同样、完整的有关景点的相关信息。另外，还采用了借助小型录音机的有声解说，使游客能够获得与文字说明板上的内容顺序相对应的景点介绍说明。

听取利用者的意见和呼声也是重要的设计作业

设计时，方案的设计通常是与无障碍利用及其他涉及福利方面的问题同等考虑，或者在其延长线上做文章。但是，在本方案的设计中，我并未采用那样的处理手法。或许是由于在我的朋友当中，也有身体残疾者，每当我进行方案设计时，眼前就会浮现出

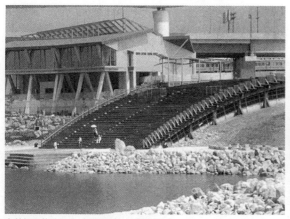
太鼓桥和休憩设施（建筑设计：远藤刚生）

被广泛的人群所利用

他们的身影，当我感到应该切实地为他们做些什么的时候，才能够积极地考虑这些问题。我们在具有广泛适用性的设计方案中采用的资料、数据都是在听取当事者意见时直接获得的。调查对象人数超过500人，在被调查者中，不仅有日本人，还有许多不同国籍的人士。那些资料、数据都是从当事者那里听到才了解的事情。并且，听到当事者的讲述才明了的细节问题，实际上就是具有广泛适用性的设计的本质所在。例如，在扶手上添加的盲文符号，多是设在明眼者易于看到的位置，然而，实际上，当人们握住扶手时，指尖自然接触到的，毋庸说，也就是眼睛看不到的位置才是正确的。

建设完成后的设施是否真正发挥其功能？对此，一定要依靠当事者的检验。反复检验的过程，在使我们获得更准确的解答数据的同时，也成为使大家认识和了解这些设施存在的情报宣传的手段。具有广泛适用性的方案设计并不是只有一个确定的答案，它意味着每个人都在为能够营造出使更多的人都可以轻松利用的公园设施进行着不懈的努力。

三宅祥介

SEN环境规划室董事长。生于日本兵库县伊丹市。武藏工业大学机械工学系毕业。而后从事三年有关机械工程方面的工作。之后，重新进入同大学建筑学系学习，毕业后，赴美国留学。在美国哈佛大学设计学院景观学系学习硕士课程。毕业后，在POD公司（加利福尼亚州）担任景观设计师。回国后，进入建筑事务所工作。后来，创立了三宅祥介建筑设计室。参加与建筑设计相关联的西泽文隆实测队工作，在对京都的古建筑与庭园的关系进行反复实测的过程中，对景观营造工作的魅力有了更进一步的认识和理解。此后，将会社更名，专心从事景观设计工作。并且，努力进行以"景观与人的关系"为题的作品创作。技术士、一级注册建筑师、京都造型艺术大学外聘讲师。

项目名称　Rinku公园象征性绿地南区
所 在 地　大阪府泉佐野市临空大街北1
竣工时间　1996年
委托部门　大阪府企业局
设　　计　SEN环境规划室、远藤刚生建筑设计事务所（建筑）
施　　工　KUBOTA（クボタ）建设等
交　　通　从JR关西空港线、南海空港线空港城站步行2分钟

LANDSCAPE WORKS

实例 20　中见 哲

构想
规划
设计
施工
维护管理
运营管理

以营造颇具自然魅力的草药植物世界为宗旨的空间设计

布引草药植物园

布引草药植物园

布引草药植物园位于新干线新神户站以北约1.5km、都市森林（神户林）入口处的布引公园（面积71hm^2）的中心区内。公园地面标高400～265m，占地面积约16hm^2。园内种植有约150种75000株的草药植物，是供有偿参观的主题公园。从位于索道缆车"梦风船"山顶站的Ha-baru house zone（ハーバルハウスゾーン）出发，向下滑行，途经草药植物展示园、玻璃温室建筑园区、公园博览区、风之丘园区，到达中间站所在园区。

来访者利用索道缆车"梦风船"向下滑行经过的Ha-baru house zone建筑园区由仿西欧古城堡设计的森林会堂、可供游人眺望风景的西餐馆、商店等组成的建筑群以及玫瑰园、瞭望广场等构成。从那里到玻璃温室建筑的沿途空间，作为呈现出如今看来很普通情景的、可以享受用手触摸乐趣的、由近70种草药植物组成的以食用、饮用、药用、芳香等主题分类的草药植物展示园，在可眺望神户港风景的园路沿线依次展开。

夜晚，由咖啡馆、芳香温室、香料工作室和观景台组成的玻璃温室建筑，作为草药植物园的灯光标志，在神户耗资百万美元营造的夜景中，又增添了绚丽的色彩。

我负责设计的公园博览区"芳香园"为长600m、宽120m的山谷地，由地势较高处向下依次由薰衣草种植区、蓝色庭园、芳香草坪以及休息处等构成。从这里沿着山谷边的公园小径向坡下行走，可以到达设置有新宫晋先生创作的风动雕刻作品的草坪观景区"风之丘"及索道缆车的中间站。

接受面临诸多课题的工作挑战

如今，草药作为医治病痛的象征已经渗透到我们的日常生活之中。1989年时，富良野的规模宏大的薰衣草种植园摄影作品引起社会的普遍关注，人们对花卉芳香文化的关心程度日益提高。然而，那时只不过是拥有数百平方米规模的室外展示园事例的时代。

作为神户市建市一百周年纪念事业的一环，神户市决定在位于布引瀑布上游的、留有若干洞穴的原高尔夫球场的旧址上进行布引草药植物园的建设。该项目的规划方案完成后，我接受了对其部分内容进行修改、并进行施工图设计的委托。

呈现在我们面前的原设计方案中，土木结构不加任何掩饰，缺乏对景观方面的考虑，且未能与北野原外国公馆建筑景观实现有机的结合，不能达到收费公园的等级要求。

我认为，应该将景观看作是人与自然的、包括环境经济学在内的总体调整，是基于心理学、生理学的设计工作的结合。景观建筑师则是不被"境界线"这样的

从左上图开始，按顺时针方向。森林会堂/具有观景功能的西餐馆前面的广场/风之丘。纪念性雕刻作品与蓝天、白云构成的风景/玻璃温室建筑夜景

前往飞瀑休息区

业务范围所限制的、运用"纬纱"进行织做的"织布匠"。如果按照这样的原则，那么，我们则是接受了一项几乎没有预算的、"需要对原设计方案全部进行重新修改，且项目基本实施工作紧迫的业务"。

虽然脑海中不时地浮现出会社经营上的红色信号，但是甚至连修建索道的项目都不允许出现闪失，同时，也不能让到公园游玩的人们感到失望。特别是对于此种状态下的委托，我们只有欣然地接受，并且期待事业成功后的喜悦。

如果除去日常的工作，那么，只有两周的时间可以用来对原规划方案进行修改。作为技术顾问的草药植物种植方面的专家也没有大面积种植草药植物的经验，并且我们也没有更多的时间到国外进行相关的考察。

在进行原方案的修改作业时，对于长大的土木结构景观，我们采用对其进行掩饰和设定新的人流线、尽量避开的处理手法，力求进行能够令人怀念，且具有新鲜的异国情调、给游客以乐于在此消磨时间的温馨感受的方案设计。具体设计时，在最初进行的反复研究、探讨过程中，逐步形成了大致的设计思路。

植物栽植的设计方案几乎全部是委托我的同事岸田先生设计完成的。我负责把握从高空索道缆车向下俯视的鸟瞰效果。考虑从山顶车站下行的步行交通路线以

薰衣草种植区

及沿途展开的风景，在对设计草案进行不断修改的过程中，进行空间的设定。并且在检验各个不同园区的特性与利用者所希望的风景的整合性的同时，对从景观构成到细部设计等诸多方面进行最后的确定。

布引草药植物园的成功建设

到这里来观光的游客，在尽情享受在北野町的大街上悠闲散步、领略充满异国情调的街道景观的乐趣的同时，几乎都要乘坐索道缆车"梦风船"，经过大约10分钟的空中滑行，到达山顶站。在游览沿园路展开的各项设施、眺望神户港的优美风景的同时，沿通向中间车站或布引瀑布的下山小道前行。

要维持包括索道缆车在内的有偿利用的主题公园的正常运营，关键在于能否使到神户来访的、包括对草药植物和大自然并不十分感兴趣的众多观光客在前往公园游玩

第4章 为人们提供休憩、消遣场所的公园设计

从索道缆车"梦风船"上欣赏飞瀑休息区和 各种各样的草药植物
芳香草坪的风景

上/飞瀑休息区前的阶梯式花坛
下/通往蓝色庭园的公园小径

的同时，通过给来访者以获取知识满足感这样的由北野异人馆大街（译者注：拥有外国公馆建筑的街道）和布引草药植物园营造的共同效果，充分感受港口城市特有的异国情趣；以及能否向来访者提供可以吸引其再次来访的草药植物的趣味性和新鲜的花卉芳香文化的魅力。

考虑到上述因素的景观设计要点是在对先期建设的长大的土木构筑物巧妙地加以掩饰、有效地利用布引的自然环境（包括刺槐防沙林的中期更新）特点，并力求与北野异人馆大街的街道景观有机协调的同时，为游客提供令人愉悦的、轻松舒适的游览路线。

在此，且不论述复杂高深的道理，为了刺激来访者的感官，引起其对草药植物的兴趣，并从中获得满足，重要的是要把握好旨在将来访者吸引到可以说色彩并不十分艳丽的草药植物世界的、从利用者心理角度考虑的各种形式的装饰、装修以及空间规模的表现效果。

空间表现的设计思路

①通过对可以使来访者陶醉于种类繁多的草药植物和花海之中的利用视线的诱导以及对单调的山谷地形环境的改造，在以落落大方的景观构成为基础的同时，进行与主题相适合的空间环境建设。

②从草药植物景观的逐步展现到拥有可以与不断产生微妙变化的植物叶色相对峙的人体尺度的多样风景，使环境的舞台渐次呈现在人们的面前。

③在考虑到利用者心理的同时，进行可以使来访者享受欣赏草药植物乐趣的、具有专门题材的公园景区规划。并且修建将各个景区巧妙连接、颇具自然情趣的公园小径。

④运用英国风景园林式庭园的表现要素，进行可以供来访者进行纪念摄影的、新颖独特、颇具创意的景点建设。

⑤为了使来园者总会有新的发现，力求使其具有通过"五感（视觉、听觉、嗅觉、味觉、触觉）"享受其中乐趣的草药植物博览馆的功能。

以上述五点为建设目标，并据此进行环境状况、景观等方面的现状调查，实施具体的设计作业。

由于多数草药植物的花期集中在5～8月份，因此，单纯依靠草药植物难以满足公园的景观需求。虽然在现在看来是理所当然的处理手法，但是通过精心的设计构思，使游人不仅可以享受赏花的乐趣，同时还可以欣赏到由不同色彩、不同形状的叶片组合、搭配构成的风景，这在景观营造工作中也有着重要的作用。当然，情侣约会的夜晚利用（兼顾效果照明和灯光夜景）以及草药植物生长淡季的应对措施（装饰花等）等也是面临的重要课题。

在设计工作中，最重要的是要力求使来访者在从

飞瀑休息区

走进花的海洋

运行于盛开着淡紫色花的薰衣草种植田与蔚蓝色天空之间的索道缆车"梦风船"

散发着淡淡花香的草坪

山下乘坐索道缆车"梦风船"的10分钟空中滑行的过程中,可以获得在街上散步行走时不能得到的在大自然中陶冶身心、给人以平静、舒适之感的环境体验,引导利用者进入从市中心的喧嚣之中摆脱出来的放松状态。否则,对自然缺乏兴趣或者没有兴趣者则感触不到种类繁多的美丽、优雅的草药植物带给人们的无穷乐趣。

关于入园者及今后的草药植物园

草药植物园的入园者人数在公园开园初期的1991年(10月开园)约为37万人,1992年约为107万人,1993年约为103万人,1994年约为79万人,发生阪神、淡路大地震的1995年为30万人,1996~1999年年游客量为50万人左右,约为景气时期年游客量的50%。到北野异人馆大街观光的游客中,有5~7成的游客会前往草药植物园参观、游览。

可以说布引草药植物园在日本草药普及方面充分起着导火索的作用。然而,在开园10年以后、草药深深扎根于现代生活之中的今天,或许人们应该对今后的"草药植物园"存在的理想状态及其应起的作用进行新的探讨。

认清人们对身心健康和享受安乐生活的需求日益增长的时代潮流,以入园者人数的恢复为目标、倡导丰富多彩的生活以及21世纪花卉芳香文化的、颇具魅力的草药植物园的展示更新和事业提升的时期即将到来。

中见 哲
1947年生于日本大阪府。曾经在关西大学文学部哲学系学习,后中途退学。
以为赚取购买绘画用颜料的费用而业余打工为契机,进入造园设计的世界。随着时间的推移,此项工作竟成为我赖以谋生的职业。在环境事业规划研究所工作期间,曾从事"大阪南港川沿岸园林式道路"、"平城新城公园绿地规划"等项目的工作。30岁时,赋闲。31岁时,与同事岸田敏共同创办"地球号"设计事务所,转年,过渡为股份有限公司,同时,我就任该公司的董事长,至今。
承担的主要项目有:"花卉大道"、"西神新城高塚公园、竹台公园"、"东游乐园"、"布引公园(芳香园)"、"御崎公园"、"神户文明博物馆群构想"、"震灾复兴纪念公园规划"等。这些项目都与神户市的绿化建设密切相关。
最近,增加了许多有关民间集合住宅区建设、共生环境以及社区形成等方面的委托设计项目,公司的业务工作范围在不断地扩大。

项目名称　布引草药植物园
所 在 地　兵库县神户市中央区葺合町字山郡
竣工时间　1991年
委托部门　神户市
设　　计　浦边建筑事务所(建筑)、三井共同技术咨询公司(土木)、地球号设计事务所、RIOSU设计事务所(景观)
施　　工　青木建设、神港农园
交　　通　从JR新神户站乘坐索道缆车"梦风船"约需10分钟

LANDSCAPE WORKS

实例 21　宫城俊作

诱导新风景的工作乐趣

植村直己冒险馆

构想
规划
设计
施工
维护管理
运营管理

培养伟大冒险家的感性的风景

与神锅高原相接的平缓坡地深入到被山峦重叠的但马山地的山脊棱线所围的小小盆地之中，在其上面，描绘出一幅由农田、树林和村落构成的如同版画般的田园风景。世界著名的冒险家植村直己的故乡的风景竟是如此的恬静。

在该项目中，我们景观建筑师的工作就是在颂扬其成就的伟大事业的同时，在他的故乡营造出将到此参观、游览的国内、外游客同作为他的冒险家精神象征的原风景有机联系在一起的场所。因此，我们认为，采用通过对那里已经存在的事物的关系进行调整，从而诱导出风景的新的内涵和价值这样的设计思路和处理手法是

在初步设计阶段制作的模型

行之有效的。并且，尝试进行这样的实践。我们与建筑师一起，作为设计者，同时受到了植村直己先生出生地兵库县日高町政府的委托，负责该项目的设计工作。

设计的主题

首先，为了进一步确定设计主题，我与负责冒险馆的建筑设计的栗生明先生一起到位于兵库县日高町的建设预留地进行现场踏勘。规划用地为在向南倾斜的平缓的坡地上，拥有小块湿洼地的自然条件良好的地块。石块垒造的人工梯田、人工营造的杉树林和杂木林、生长有柿树和栗子树的果木园……，在那里，到处都可以看到长期以来人类作用于自然创造的结果。

另一方面，我们通过认真仔细地查阅有关文献和照片资料等相关记载，追寻植村先生的活动足迹，努力理解他对于自然的认识和所采取的行动。经过这样的工作过程，在我们的面前形象地刻画出由于植村先生融入自然之中，从而采取的意欲前去冒险的态度和支持这一行为的敏锐、丰富的感性。

在旨在颂扬植村先生的业绩而建造的设施和与设施相关的环境中，在突出仅能够象征"冒险"这一行为的力量的同时，还应该表现出人类对自然的敬畏之情，并将其作为设计的主要题材。

深入到规划用地的各个角落，对需要进行调整、保留的树木逐棵进行确认的作业

在数条直线的前端，依稀可见梯田、杉树以及但马山地起伏山峦的山脊棱线等景观（摄影：松村芳治）

设计的过程

具体的设计作业是从探讨旨在准确地表现设计主题的建筑形态以及寻求在尽量保护原有地形的同时，根据建筑的形态和体量在用地中进行巧妙布局的处理方法这一工作环节开始的。

全长150m的细长的、狭缝状的空间意在表现冒险者在单独横穿南极大陆和北极海时呈现在眼前的冰原裂缝。同时，设法将建筑整体的大部分置于由狭缝状通道引导的地下部分，力求使庞大的建筑体不露出地面。与此相对，通过采用在细长通廊的上部安装玻璃顶窗的处理手法，使人意识到作为纪念性建筑的建筑外观。

对于该建筑的建筑形态，以能够最大限度地保全原有环境为宗旨，对建筑的主轴位置进行设定成为景观设计方面最初的重要作业。具体的位置和角度是以将需要砍伐和移植的原有树木的数量压缩到最低限度为原则进行设定的。同时，还要力求突出直线条的建筑造型和呈镶嵌状分布的、不同高度的梯田的地形。

令人遗憾的是与其邻接的部分已经建造完成，然而，值得庆幸的是经勘查可以确认规划用地之外的梯田和构成背景的但马山地的山脊棱线处于清晰可见的位置。因此，该部分的设计要力求与冒险馆的建筑造型相呼应，运用各种各样的直线要素，进行整体空间的构成。设计时，将采用不同铺装材料的数条园路、修剪整形的灌木、美国鹅掌楸行道树以及草坪铺装的坡地等作并行设置，并且使其朝着隔小块湿洼地相对的梯田方向，呈直线状向前延伸。

各方的协同作业

在整个设计过程中，负责景观设计的我们与负责建筑设计的栗生明先生等人之间经常是在谋求密切交流的同时，进行协同作业（合作）。尤其是在设计的最初阶段，从确认设计主题开始，就建筑形态的理想状态以及布局等方面的问题，进行面对面的相互间的意见交流。

在进行冒险馆的建筑主轴位置的设定阶段，在考虑梯田的微妙的高度变化和规划用地上原有树木位置的同时，就多种方案进行反复的比较、研究，从中找出对于建筑和景观双方来说的最理想的位置。在确定冒险馆顶窗的高度时，大家在从主要视点的景观效果考虑，在对不理想的要素进行掩饰的同时，重视表现背景群山的山脊棱线最佳景观效果这一点上，拥有共同的价值观。在此基础上，绘制了多张剖面图，经过认真的分析、比较，确定出顶窗的最终高度。

如前面所提到的那样，我们之间并不是停留在单纯的协作关系上，而是超越了各自的专业范围和领域，在

在施工过程中，被精心保护的用地内的原有树木

对设计项目和建设用地环境拥有共同的价值观和感性这一点上，充分体现出共同协作的本来意义。

施工过程和设计监理 我们的工作并不是完成设计图纸就算完结了。进入实际施工阶段之后，还要针对出现的各种情况，进行现场设计。

例如，在施工现场对原本设计图纸上并不存在问题的部分进行调整可谓是家常便饭。在苗圃中对栽种的树木逐棵进行树形确认、来到植树工地对树木的栽植方法进行详细的指导等，都是确确实实的现场设计。

在该项目实施过程中，由于被称作设计监理的工作的缘故，我也多次来到施工现场。并且，在工作的过程中，也多次同进行工程作业的施工人员共同进行工作。

然而，此项工作的乐趣或许就在于不管怎么说终究可以亲眼看到根据设计图纸和模型，经过反复研究、探讨完成的设计成果，作为实际的空间和风景，以实际大小的尺寸表现出来的情景。那一时刻的感动和兴奋或许就是从事设计工作的人们所拥有的特权吧。

诱导出的新风景 经过这样一系列的工作过程，在我们的面前呈现出项目初期阶段构想的空间和风景。站在已经建设完成的空间的入口附近，可以看到笔直向前延伸的几条直线突然被断开，其前面隐约现出造型优美的梯田和若干株杉树构成的风景。背后不时传来孩子们在地区居民的活动场地上兴致勃勃地进行足球和棒球对抗赛的欢呼声。远处隐约可见围绕日高盆地的

在进行共同设计的过程中，研究、探讨建筑方面有关问题时绘制的草图

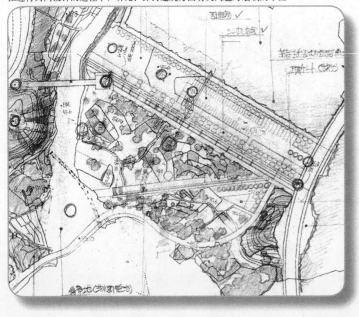

被冒险馆的顶窗垂直切下的山脊棱线

采用木制甲板铺装的梯田遗迹（摄影：松村芳治）

群山的美丽的山脊棱线。

　　转身向左侧望去，在缓坡状草坪的隆起之处稍稍显露出冒险馆顶窗的外部轮廓。如同被利刃垂直切下那样，在这里还可以欣赏到起伏山峦的山脊棱线的空中轮廓。并且，在建筑的周围可见被施以不同大小、形状、高度以及不同质地的地面材料的梯田遗迹景观。

　　或许，构成这样风景的各个要素从前就存在于这片土地之中。在该项目中，通过在这些要素之间进行有意义的关系的设计，从而诱导出新的风景。

宫城俊作

生于京都府宇治市。曾在千叶大学、京都大学大学院造园学专业学习。毕业后，赴美国留学。在哈佛大学大学院学习景观建筑学的硕士课程。毕业后，用两年左右的时间，边在设计事务所积累实践经验，边在大学中执教。回国后，在千叶大学和奈良女子大学从事有关景观设计方面的教学、研究工作，同时，开始进行设计活动。同大学以外的设计组织PLACEMEDIA一起、大多是同建筑师合作进行作品的创作。将在大学取得的教学、研究成果运用到实践活动中的同时，又将在设计实践中出现的各种问题作为研究的课题，反馈到大学开展的学术活动之中。

项 目 名 称　植村直己冒险馆
所　在　地　兵库县城崎郡日高町伊府785
竣 工 时 间　1994年
委 托 部 门　日高町
设　　　计　PLACEMEDIA（景观）、栗生综合设计事务所（建筑）
施　　　工　大林组
交　　　通　从JR江原站乘坐公共汽车约需10分钟

LANDSCAPE WORKS

实例 22 山本 仁

构想
规划
设计
施工
维护管理
运营管理

在北方荒野上建设的雕刻公园

MOERENUMA PARK（モエレ沼公園、Moere沼公園）

MOERENUMA PARK规划效果图（伊萨姆·诺格奇）

札幌，MOERENUMA PARK

位于距札幌市中心东北方向大约8km的平原地带，是"让绿色环绕市区"这一"环状绿化带构想"中的规模最大的公园，同时，也是作为东区的综合公园规划建设的。

Moerenuma（numa是日语汉字"沼"的发音）是过去丰平川蜿蜒曲折的旧河道遗留下的马蹄状的湖泊。"MOERENUMA"一词源自阿依努（译者注：住在北海道一带的阿依努族）语言的"Moire·Betsu"（水流缓慢的河流）。公园区域由原为牧草地的内陆部分（100hm²）和湖沼部分组成，总面积为188.8hm²。该公园是札幌为数不多的拥有水面的宝贵公园，同时，又是琥珀蝶和大雁、野鸭等候鸟的栖息地。

该公园的建设是与垃圾清扫事业和国家的治水事业结合在一起进行的，可谓是取得了"一石三鸟"的效果。在1979年至1990年间，大约有270万t的不可燃垃圾在内陆地区被填埋。对于当地来说，虽然垃圾填埋场是令人烦恼的设施，但是通过在垃圾处理场的旧址上实施绿化工程，在获得人们对垃圾处理事业的理解的同时，从公园事业的角度来说，又具有不需要缴纳用地费用的优点。另外，该地区一带为低洼地，湖沼与公园整体起着雨水调整池的作用。为此，曾一度对底部逐渐抬高的湖沼实施了大范围的疏浚工程（疏浚湖底泥沙的作业）。

公园的建设是从1982年开始的，主要是进行公园的土地整理以及桥梁的改建工程等。从1987年起，我作为绿化推进部造园科环状绿化带建设工作的主要负责人，在垃圾填埋场旧址的绿化工程中，扮演着相当于极其恶劣条件下的现场指挥的角色。

伊萨姆·诺格奇先生的札幌之行

在我到任第2年的1988年，札幌的街道建设迎来了大的机遇。那就是同现代雕刻艺术的巨匠——Isamu Noguchi先生的会面。诺格奇先生1904年生于美国洛杉矶，不光在雕刻艺术方面，在喷水、广场及公园的设计、舞台美术等方面也颇有建树，是世界上著名的艺术家。诺格奇先生与札幌之缘是在对诺格奇先生的艺术深深着迷的札幌的年轻企业家和建筑师团体"建筑师五人小组"的积极促进下开始的。札幌市方面委派桂信雄市长助理（现任市长）负责此项工作，准备了Moere沼公园等几个项目，并且，事先送去了有关的资料。

诺格奇先生是在1988年3月29日初次到札幌进行参观、访问的。第2天下午，天气晴朗，我陪同先生到Moere沼进行现场考察。那里的地面上残留着积雪，填埋的垃圾随处可见，呈现出一片荒凉的景象。然而，尽管如此，已经83岁高龄的诺格奇先生却还是像年轻人般地在现场快步地走来走去，从先生的眼神中便可以知道他已经深

Moere沼公园空中鸟瞰。照片中前部所见为札幌的市区

黑色的滑梯造型雕刻作品（大通公园）。与其背后的白色的"鲸山"形成鲜明的对比

深地被那里的环境所吸引。但是，考虑到艺术与行政的关系的困难程度以及至项目完成所需的漫长时间等方面的因素，诺格奇先生对承接该项目一事曾一度踌躇不定。

札幌市方面认为，对于城市历史短暂、缺乏文化积淀的札幌市来说，这是一个求之不得的绝好的机遇。"请您一定留在札幌工作！"我们坦诚地向诺格奇先生表达了我们的热情。不久，当时认为"同政府官员打交道令人伤脑筋"的诺格奇先生似乎对札幌市的开放氛围和同北美相似的风景也颇感中意。诺格奇先生长期以来一直有着为孩子们建造公园的想法和希望实现自己艺术活动集大成的心愿，因此，决意着手该项目的工作。

诺格奇先生主持设计的Moere沼公园总体规划

"有着这么广阔的土地和水岸线，却未能体现出其应有的特征。"这是诺格奇先生在进行现场考察时说的第一句话。虽然诺格奇先生主张对这里重新进行全面的规划，但是我们就"不能改变已经建成的设施，运动设施等是考虑到地区的需求必须设置的"等问题进行了说明。诺格奇先生灵活地应对这些制约，对设计方案进行重新的探讨。

在此过程中，也曾发生过这样的事情。在进行高压线铁塔的移设时，由于不了解已经确定的线路走向，诺格奇先生提出"辞职不干了"。尽管线路变更是一件很难运作的事情，但是，通过与相关部门的不懈交涉，总算将其移设到诺格奇先生所希望的位置。当我们将这一结果告知先生时，先生坦率地指出："这可不是为了我呀，这是为了札幌！"由此，也使我们得到深刻的反省：即使是存在困难的事情，从未来的角度考虑，也要尽到最大的努力。

诺格奇先生将雕刻的概念扩展到庭园和公园的设计之中，基于雕刻大地这一设计构思，尽管各种设施是采用简单的几何造型的处理手法设置的，但是，还是创造出给人以强烈自然感受的、象征性的空间。在这一空间中设有游戏器械区、Moere滨水区（戏水的场所）、大型喷泉设施、玻璃金字塔（中央建筑）、四座小山丘（纪念性构筑物）以及从1933年时就开始设想的游戏山（高30m的游戏山）。Moere沼公园是诺格奇先生一生中所做的最大的项目。

在6月份最初的模型制作完成后举办的记者招待会上，有记者提问："在这里设置先生的雕刻作品吗？"诺格奇先生指着眼前的模型答道："这全部都是雕刻作品呀！如果使你感悟到了什么，那么，它就是雕刻。"

作为送给札幌的孩子们的礼物，决定在大通公园内设置滑梯造型的雕刻作品"黑色滑梯"（高3.6m、宽4m、重达80t的黑色花岗岩）。

从游戏山眺望Moere水岸方向的风景

向游戏山的山顶方向进发

游戏山（后部）和滨水广场

诺格奇先生的突然辞世

为了庆祝诺格奇先生的84岁寿辰，11月17日在香川县牟礼的美术工作室举办了盛大的生日宴会，我也前往祝贺。公园的最终模型是在此前的一天制作完成的，并与滑梯造型的雕刻作品一起对外披露。站在模型前，先生半开玩笑地说："即使我过世了，你们也一定要把它建造完成哟！"然而，因患感冒转成肺炎，12月30日诺格奇先生在纽约的医院中突然去世。

得知先生去世的消息后，我们受到了很大的打击，然而，现任市长做出指示，并且，同纽约的伊萨姆·诺格奇财团等也进行了商谈，决定尊重先生本人的遗愿，将该项目继续进行下去。

Moere沼公园的建设还在继续

此后，公园的建设正式开始进行。1992年滑梯造型的雕刻作品在大通公园落成，其周围便成为生气勃勃的空间。以该雕刻作品的设置为契机，新闻媒体对此给予了极大的关注，Moere沼公园也被更多的人所了解。

在诺格奇先生去世10年之后的1998年，在为公园已经建成的部分举行开园仪式的同时，在"札幌艺术之林"举办了大型的伊萨姆·诺格奇先生艺术作品展。在札幌出人意料地引起了"诺格奇热"。

从那时开始，公园逐渐呈现出可以使人确实体会到诺格奇先生所说的："公园整体就是雕刻之作"这一话语

的风景。如果站在其中的深受游人欢迎的游戏山的山顶，则可以一览Moere沼的湖面所环绕的公园的风景。Moere水岸和圆形的日本落叶松树林的优美曲线格外抢眼，由4根巨大的不锈钢圆柱体组成的一组雕塑"四座小山丘"在阳光的照耀下熠熠闪光，同时，还可以欣赏到作为公园背景的、与环绕札幌的起伏山峦相协调的宏大的风景。在大片的樱花树的树林中，营造有七处设有抽象雕刻作品的游戏器械区，孩子们在那里可以发挥自由的想像，轻松愉快地游戏、玩耍。夏日的Moere水岸呈现在人们眼前的是一幅孩子们在一起尽情地戏水、喧闹的欢乐场景。

根据规划，现在正在建设中的玻璃金字塔建筑为可以举办各种文化艺术活动的场所和公园的服务设施中心，成为在恶劣的气候条件下也可以令人放心无忧地在此休憩、消遣的空间。并且，大型喷水、Moere山等设施也在建设之中。预计在诺格奇先生诞辰一百周年的2004年，公园将全部建设完成。

Moere沼公园的建设动机

诺格奇先生认为，"艺术是为创造使人感动的、丰富多彩的世界而存在的"。并且他还说道，追求艺术的社会意义，"通过艺术使世界人民更加亲密"，"如果相互都更加具有意义的话，那么，艺术就具有存在的理由"。Moere的大地唤起来访者的种种感慨。这里给人以"超越时间概念的宇宙般的感觉"，或者是"可以同

樱花树的树林。游戏器械区

宇宙联系在一起的场所"，"在近来仿制品大众艺术横行和雕刻害泛滥的社会潮流中，Moere沼公园的建设向我们提出了新问题，同时，也起到了很好的示范作用。"人们对Moere沼公园的建设给予了很高的评价。

"我认为，'儿童游戏'作为主题，只是一种处理手法。若问其目的何在，那就是因为有少儿的存在。现在，札幌所建设的都是大型的公园。"诺格奇先生对下一代能够在Moere的艺术空间中游戏、成长寄予无限的希望。

投身绿化事业源自报刊的一篇报道

在我上高中的时候，在报刊上看到一篇有关在纽约的知名人士伊萨姆·诺格奇先生的新闻报道。那时正值思考自己未来人生的时期，或许是已经意识到造园这一工作的缘故，这篇报道给我留下了非常深刻的印象。20多年后，有缘得以在诺格奇先生晚年的时候和先生相会，使我在以艺术为首的广泛领域中大开眼界，并且，学习到先生一丝不苟的工作作风。对此，我感到十分的幸福。

诺格奇先生常常希望自己所从事的工作能够对人们有所助益。我们所从事的"绿化的工作"也会带给人们平静与安宁。如果我们建造的公园能够作为来访者美好回忆中的场所，留在人生的记忆之中；那么，我们所从事的工作将是一项十分有意义的、极其美好的工作。

参考文献
· 川村纯一 "イサム·ノグチの贈物" "日経アーキテクチュア" 1989年4月3日号
· 金子正则、マントラ序幕式の祝辞，1992
· イサム·ノグチ "1986年度、京都賞受賞記念講演" "季刊アプローチ" 第109号、竹中工務店、1990
· 聞き手 米倉守 "イサム·ノグチ－創造の現場から" "みずゑ" No949、美術出版社、1988

照片、资料提供
· 武市 毅（札幌市绿化推进部造园科）
· 石村宽人（札幌市绿化推进部公园规划科）

山本 仁
生于日本三重县。从中学时代开始，在北海道生活。日本农业大学农学系（现在为生物资源科学部）毕业。1970年在札幌市政府部门工作，主要负责公园规划工作，也从事施工、管理等方面的工作。在Moere沼公园项目中，担任系长（译者注：相当于股长、主任级）职务。1988年与伊萨姆·诺格奇先生相遇。在此之后，至1992年负责Moere沼公园项目的有关工作。

此前担任森林保护科科长时，以全市域范围为对象，制定了包括风景区相关规定内容在内的《札幌市绿化保护与创造条例》（登载在2000年5月号的《新都市》杂志上）。最近，参加了与友人共同组织的森林保护小组"北方的人们生活地周边山林"的保全活动。

现任札幌市厚别区土木部维护建设科科长。

1988年10月28日，与伊萨姆·诺格奇先生在Moere沼公园

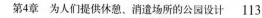

项目名称	Moere沼公园
所在地	北海道札幌市东区丘珠町605
委托部门	札幌市
设　计	伊萨姆·诺格奇（初步设计） 乔治·萨达奥（监修者，伊萨姆·诺格奇纽约财团） 建筑师五人小组（Architects）（总括设计者） KITABA Landscape Planning（景观）
竣工时间	预计2004年
交　通	从地铁东丰线环状通东站乘坐东69路、79路市营公共汽车，北札苗线Moere公园东口下车

■历史造园遗产　4

日比谷公园

日本最初的都市公园·本多静六

铃木　诚

作为日本人自己设计的日本最初的近代公园、首都东京的中央公园而诞生的日比谷公园也已经有百年的历史了。位于东京的市中心位置，处于明治、大正、昭和、平成等各个年代所发生的各种事件及市民生活的中心，集中了近代造园技术的日比谷公园成为当今乃至后世应该继承的文化遗产。在这样的日比谷公园诞生的过程中，经历了许许多多的事情，事情的每一个情节都与日本的景观营造事业的诞生有着密切的关联。

近代都市东京与公园的诞生

该公园是在1903年（明治36年）建设完成的，从项目的企划、构想阶段开始，经历了8年的时间。在明治时代的后半期，从江户的城市氛围中，已经开始感受到近代东京、20世纪的气息。同年，在东京的浅草公园中开设了经常放映电影的电影院，在旧佐竹庭园中营造了啤酒园（现在为吾妻桥朝日啤酒会馆）。

另外，在海外，莱特兄弟首次成功地进行了动力飞行；福特汽车公司宣告成立。那时，正值世界刚刚进入20世纪的时期。

以前，若说到日本的公园，在东京则是指对诸如浅草公园、上野公园、芝公园等从江户时代开始作为庶民娱乐消遣之地、深受大家喜爱的场所，冠以"公园"二字而形成的。这些公园同日比谷公园所代表的欧美风格的近代都市公园稍有不同。

首都东京的城市结构、城市设施的改革是明治时期政府的重要课题。在当时的城市规划中，决定设置日比谷公园是在1893年（明治26年）。然而，由于不能从若干设计方案中筛选出最终方案，其间经过了8年的时间，近代日本象征的公园——日比谷公园的诞生竟然需要10年的时间。这也是公园的设计、整备这样的景观营造事业和造园师职能诞生所必需的时间。

采用欧美风格的公园设计方案

公园审查委员会的成员对当初提出的八个方案全部持否定意见。其原因是从这些方案中感觉不到"近代的气息"和"欧美的风格"。在这过程中，接受了设计委托的东大的教授、建筑师辰野金吾先生同已经到东大林学系赴任的本多静六（1866~1952年）博士进行了商谈。本多先生的设计方案最终被采用。

日比谷公园的设计者　本多静六

本多静六先生在幕府末期的1866年（庆应2年）生于现在的日本埼玉县菖蒲町。在东京农林学校（现在为东大农学部）毕业后，赴德国留学。在慕尼黑大学取得博士学位（经济学）。回国后，27岁时就任东大林学系副教授，成为日本最早的"林学博士"，是一位与日本的山林、林野有着密切关联的人物。1900年（明治33年）至1927年（昭和2年）任东大教授。除日比谷公园外，由于对东京的明治神宫内苑（神宫的树林）、埼玉县的大宫公园等当时在全国各地所开设公园的公园设计以及都市开发、国立公园的创设等方面做出了很大的贡献而颇有名气。另外，本多静六先生经常到国内及世界各地考察、访问，通过亲身体验、教育研究以及实践活动，构筑新的思想和人生观。他在著书376册的同时，还积蓄财富、购买山林，成为"日本的山林王"。后来，他将这些山林全部捐献出来，使其成为东大在全国各地开设的实验林以及埼玉县"彩色王国休闲、交往之林"的一部分。

在本多先生完成的景观设计项目中，虽然，成为其事业发展契机的日比谷公园的设计是最优秀的，但是，实际上，那是参考德国的《公园设计图集》设计而成的。由于谁都不曾做过欧美风格的近代公园的设计，所以，设计上的引用是适当的。

在那之后，本多先生在东大林学系开始教授造园方面的课程，培养出本乡高德、田村刚、上原敬二

本多静六
（1866~1952年）

等许多的专家、学者。并且，通过本多先生的门生们所进行的教育研究工作，又培养出更多的专家、学者。他们似乎对本多博士不惜一切地防止砍伐、在日比谷公园内移植的大株银杏树（砍去树冠的银杏树）之事有着切身的体会，在工作中始终坚持注重再现场工作的实践主义思想。

本多先生的人生信条之一就是"工作兴趣爱好化"。即以工作为爱好，以辛劳为享受。本多先生历尽艰辛，让山野重披绿装，在城市中营造森林的景观（明治神宫的树林），进行作为人们游憩场所的公园建设，他也从中找到工作的快乐。他视景观营造工作为自己的兴趣和爱好，并且为之奋斗一生。

芝公园丸山风景图（《风俗画报》第145号，1897年）
1873年（明治6年）被指定为公园的芝公园是将从江户时代就成为名胜的增上寺寺院的院内部分原封不动地作为公园，并且同以前一样供一般市民利用。

参考文献
- 熊谷洋一、下村彰男、小野良平"日本のランドスケープアーキテクト マルチオピニオンリーダー本多静六/日比谷公園の設計から風景の開放へ"、ランドスケープ研究58（4）、日本造園学会、349—352、1995
- 本田静六"わが処世の秘訣"三 書房、1985
- 本多静六"自分を生かす人生"三 書房、1992

大正时代的日比谷公园，云形池附近的景观（1913年版）
在版画所描绘的公园中，可以看到许多身着和服和西装的游客。在日本风格的云形池中设有象征近代的喷水。并且，在版画的右上角添加了象征近代化的有轨电车和高架铁道。

现在的日比谷公园，云形池
在现代高楼大厦包围之中，有着百年历史的日比谷公园，作为历史造园遗产，现在依然向我们展示着近代日本的市民生活和当时的生活风景。

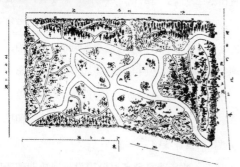

公园改良调查委员设计方案（东京市方案，1898年）
运用当时日本庭园设计图的绘图方式"立体构图"表现的设计方案。绘图方式、林园式的设计表现都可以使人感受到以前传统的日本风格。（提供：东京都公园协会）

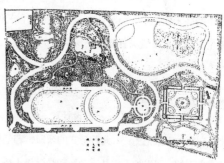

本多静六先生的设计方案（最终方案）
虽然设计方案中也有作为日本庭园中的水池基本名称的"云形池"、"心形池"等表现日本风格的部分，但是，整体上是运用通过直线和几何曲线进行平面形状表现的设计手法，是体现欧美风格的公园设计。（提供：东京都公园协会）

铃木 诚
生于日本东京都。东京农业大学毕业。东京农业大学造园科学系教授。主要从事造园评论、造园史、公园设计、景观作品评论以及国外日本庭园研究等方面的研究工作。从少儿时代就在浅草公园玩耍，在上野公园学习人生，在日比谷公园立志投身造园事业。1980年与学生一起进行了"日比谷公园24小时调查"。

■历史造园遗产 5

震灾复兴小公园

与小学校形成一体的小公园·井下清

樋渡达也

通过关东大地震复兴事业的实施营造的小公园也被人们称为"学校小公园"。那是因为这些公园都是在与学校邻接的位置规划、建设的。

通过震灾复兴事业的实施，国家投资兴建了隅田公园等3座大公园，52处小公园则是由东京市建造的。

严格预算条件下的公园建设

在发生关东大地震的1923年，日本出台了都市规划法，从此开始步入有计划地进行公园设置以及将其作为都市生活者的娱乐休闲场所进行设计的时代。虽然，震灾复兴规划是以后藤新平先生为首的优秀的专家学者编制完成的，但是由于担心预算会单纯集中在考虑通过土地区划整理取得土地的地主和东京方面，因此，该规划遭到了议员们的强烈反对。震灾复兴规划是在将7亿日元的预算削减至4.7亿日元的严峻状况下进行的。但是，当时兼任帝国大学教授和建筑局局长的佐野利器先生在实现小学校校舍的混凝土化和学校与公园进行一体化建设这一点上始终未作让步。当时任东京市公园科科长的井下清先生完成了后来成为日本小公园典范的公园设计及其建设工作。

经常思考公园的理想状态

井下清先生在1928年编著的《公园设计》一书中，对学校的小公园有如下的记述："此种形式的公园，若是从学校的角度来理解，可以被看作是运动场和教学用小植物园的延伸；而如果从公园的角度来理解，公园邻接大面积的校园，而且，校园开放时还可以作为地区中心加以利用，由于学校的校舍采用不燃建筑物，因此，紧急情况时，可以连同公园一起成为避难的场所。公园面积标准为900坪（译者注：1坪≈3.3m²）左右，在其中建设大面积的广场、幼儿游戏广场和游戏器械广场。为了方便夜晚利用，要安装照明设施。洗手间与公园管理事务所进行一体化设置，要使其保持清洁状态。在公园的入口处安装自动伸缩门，根据季节的变化，规定开园时间，实行限制开放。公园的管理工作能否由所在区、学校、周边的街道居民委员会和公园管理事务所协同进行。"

现在阅读这段文字也不会使人感到内容的陈旧，难怪在进行学校小公园建设时期到日本来访的美国马萨诸塞大学的沃（ウオー）教授等外国专家对此大加赞扬。

井下清先生经常从利用者和公园经营者两方面思考公园的问题。1925年井下清先生到欧美各国进行考察，参观了许多公园设施，了解公园的管理方法，购买大量的相关书籍。并且，根据所学到的知识，对以前完成的方案进行反复的研究和探讨。如果根据下页的插图，按照开园时间的顺序进行比较，那么，不难看出在仅仅数年的时间里，学校小公园的功能更加完善，公园与学校一体化的设计有了更进一步的发展。

井下清先生在造园学会上发表的论文中，其中一篇的副标题为"——不会被指责的公园"。他一贯坚持设计者"应该进行可以使孩子们自由地玩耍，而不会受到别人批评指责的公园设计"这样的主张。为此，设计时应该力求做到：①避免采用无用的技巧和装饰；②不集中表现局部，注重营造公园整体的风景；③避免设置会使儿童在不经意间穿越的花木种植区，需要进行区域划分时，可以通过采用利用地面的高低差和设置踏步等构筑物的处理方式加以解决；④营造宽阔的自由广场，不要单纯追求平面图的图面美观，要从多方面进行思考；⑤减少栅栏等限制儿童行动的设施设置，进行简单、明快的方案设计。上述内容即使现在也是进行小公园设计时必须遵循的设计准则。

他对于一些行为鲁莽者对公园设施造成的破坏以及公园中存在街头露宿者的现实，从广泛的社会学观点出发，有着敏锐的洞察，并且提出了相应的对策。他认为如果民众不具有将公园作为自己物品般地亲自动手进行经营的观念，则公园的管理就不会取得成功。为此，必须经常进行公园事业的宣传，并且力求得到大众的理解。对于民众来说，就是要实施恩惠性的公园管理。或许就是这样的信念使得学校小公园得以诞生和发展。

后来，因为学校小公园与校园的界限难以区分，因此，对其交界的入口处加以封闭的情况有所增加，与学校一体化的设计理念逐渐衰退。虽然，第二次世界大战之后学校小公园陆续被改造，但是，现在依然可以看到得到很好的保护和继承的当时的学校小公园的风景。

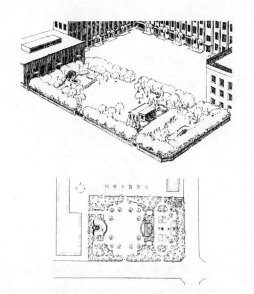

元加贺公园（江东区）。公园面积2971m²。1927年建成开放。该方案从功能上来说可谓是现代的设计（现在仍作为公园进行开放）。

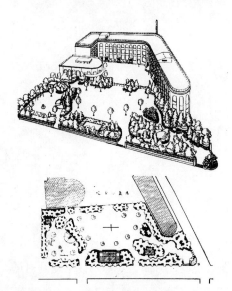

新花公园（文京区）。公园面积2947m²。1926年建成开放。这是初期营造的学校小公园的事例（现在已不存在）。

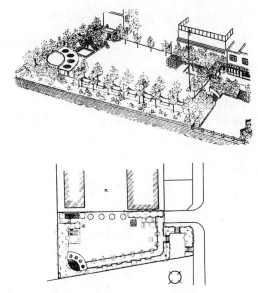

文海公园（中央区）。公园面积1496m²。1933年建成开放。同校园一体化的设计理念得到进一步发展的、震灾复兴事业之后建设的小公园（现在被作为学校的校园加以利用）。

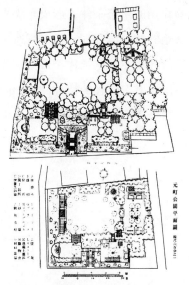

元町公园（文京区）。公园面积5519m²。1930年建成开放。巧妙利用地形高低差的大规模的学校小公园（现在正在进行公园的恢复重建工作）（出典：东京市宣传册）。

樋渡达也

1954年千叶大学造园学专业毕业。日本造园学会会员。曾从事有关公园绿地规划及管理方面的具体工作。最近，从实际操作的角度出发，就东京市的都市公园、庭园的经营管理等问题进行各种调查研究工作。

第5章

进行植物、水体、石景的设计，营造共生的空间

在景观设计方面，其基本技术就是对植物、水体以及岩石等自然要素进行有效的操纵。将使自然要素巧妙组合、调整视觉形象、诱使人们进行活动的技术和考虑到地区的自然条件和生物相互作用的生态条件、形成充满生机和活力的生态系的技术结合在一起，营造出最适合那一地区的环境空间。绿化和水体在为人们提供轻松休闲、富有情趣的精神享受的同时，还拥有环境保全、微气候的调整、多样生物的保全以及防灾等诸多功能，有效地利用这些功能，形成更加丰富的生活空间，是景观营造工作的目标所在。在可称之为近代日本庭园先驱的无邻庵庭园，人们可以享受到由水体和绿色植物等自然要素构成的丰富的庭园风景。

作为操纵对象来说，植物无疑是所操纵对象的主体。但是，水体、岩石、土等自然要素，光（影）和声音、气味等变化要素以及人工照明、雕刻等也是重要的操纵要素。对这样各种

不同的素材进行设计，将地区拥有的自然、历史以及人们的生活等的特征作为风景表现出来的工作就是景观营造工作。

关于植物的栽植，从生理和生态的侧面考虑，人们通常认为应该选择栽种最适合生长环境的植物。然而，仅仅这样还不够。作为景观营造工作来说，在进行植物栽植设计的场合，通过植物的栽植，使人们的活动和生活更加丰富多彩是摆在设计者面前的重要课题。譬如，设计时要同时考虑到以下诸多因素：通过增加同多样的动植物接触的机会，加深人们对自然的认识和理解；以绿化和绿化管理作业为媒介，促进社区的形成；或者对热岛问题所代表的都市的热度和风力等的城市气候进行调节等方面。在现代的首都东京，提供深邃的绿色空间的明治神宫内苑的森林，实际上也可以说是在20世纪初期运用景观营造技术建设的近代遗产。

LANDSCAPE WORKS

实例 23 小河原孝生

营造动植物与人和谐共生的风景

东京都立东京港野鸟公园

人工建设的泥湿地（大井第七码头公园）

在日本营造与动植物共生空间的历史中，1989年10月建成开放、面积扩大至25.5h㎡的东京港野鸟公园是日本首次将在填筑地上恢复营造的水池、湿地、滩涂、草原等复合的群落生境（原来称作生态环境，ecotope）有计划地向邻接地块迁移、进行复原性建设，从而营造出"群落生境"（富有生命的动植物等构成的风景）的事例。

野鸟公园建设项目的开端　东京港野鸟公园所在的、面积达700h㎡的大井填筑地是自1967年开始在大森海岸的近海海面上填筑而成的，在砂地中堆满建筑工程废土、如同沙漠般的环境中，恢复建设了水池、湿地、滩涂以及草原等自然景观。1973年时，这里便成为多达200余种野鸟成群栖息的"乐园"。

以了解上述情况的当地的自然观察小组的积极推动为契机，1975年东京都港湾局提出在批发交易市场预留地的一角、面积为3.2h㎡的土地上，建设最初的野鸟公园（大井第七码头公园）。作为自然环境恢复实验和通过活动的开展与市民建立联系的场所，对此进行了各种方案的研究和探讨。

志愿者在进行泥湿地的整理

大井填筑地的原风景

东京港野鸟公园

（公园平面图，标注包括：西区（自然生态园）、东区（自然保护区）、3号观察小屋、停车场入口、管理事务所、观察广场、环状7号线、大井南部高架桥、正门、林地、西淡水池、砂砾地、东淡水池、淡水泥池、调整池、停车场、草坪广场、洗手间、砂砾地、城南野鸟桥、自然学习中心、自然生态园、矶鹬桥、内陆滩涂、4号观察小屋、自然学习中心、潮水池、东侧水闸、燕鸥岛、1号观察小屋、2号观察小屋、水边滩涂、东京都中央批发交易市场 大田市场（蔬菜、水果、水产）、运河、南侧水闸、首都高速湾岸线、0 200m、N）

1978年8月，我作为第一代国立公园的管理指导员，受到日本野鸟会的有关野鸟公园管理工作的委托，从大阪前往赴任。我与许多的志愿者一起，致力于生态环境的管理和对来园者进行相关指导等方面的工作。我们在根据公园内外的水质、植被及动物区系调查的结果进行一般性的植被管理工作的同时，还进行砂砾地和泥湿地的再整理、在水中进行芦苇和宽叶香蒲的除草作业、为驱除不断繁殖的鲈鱼所进行的池沼排干作业……，正如文章中讲述的那样，在伴随泥水和汗水艰辛工作的五年间，在为接下来进行的总体规划制定工作积累资料的同时，也是使身体适应填筑地"原风景"的时期。并且，由当地的大田区发起的、有5万多人签名赞同扩大公园规模的运动也有了结果。1983年5月，有关当局决定扩大公园的规模，并很快组成了有土木、造园、建筑等方面专家参加的设计组，着手总体规划的制定工作。

以自然的再生能力为基础，进行规划设计

在进行生态环境的转移及复原（迁移到另外的场所，并进行恢复性建设）作业

人工建设的内陆滩涂　　　　　　　小燕鸥　　　　　小鹭鸶

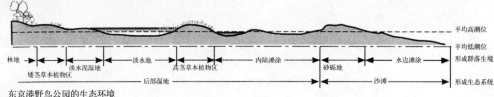

东京港野鸟公园的生态环境

时，首先需要最大限度地引导出能够体现地区特点的自然再生能力，并且，从以下观点出发，在总体规划中对该再生能力作进一步的整理。

1 地形、土壤、气候、水分等地学方面的再生能力

如图中所示，东京湾的原地形由海滨的沙滩及其背后的湿地构成。公园的地形仿照该形态进行设计。为了营造沙蚕等在滩涂的泥沙中栖息的水底生物的生存环境，在对砂粒大小等方面进行调查的同时，由于考虑到如果东京湾的潮位涨落超过2m，则不能形成平缓的内陆滩涂，因此，经过反复的研究、论证，决定采用设置两道水闸的处理手法，力求将潮位差控制在1m以下。

2 在地学条件下可以生存的动植物的再生能力

根据连续5年的周边地区的鸟类调查资料，从190种有记载的鸟类中，将其中有3年以上记录的80种鸟类作为恢复的目标种类，根据对这些鸟类理想生息环境的研究和分析，提选出9种生态环境，并进行环境转移和复原。其结果，经调查确认，当初确定为目标种类的鸟类在1989年开园3年之后，全部在公园中出现，并且其中73种鸟类连续3年在那里生息。

力求提高生物多样性的方案设计　　在进行生态环境的复原时，复原所希望的生物区系的种类数和个体数通常要受到空间大小的限制。在该规划方案中，为了避免造成在此前的约70hm²的栖息地上生息的鸟类的种类数和个体数大幅度地减少，以5年来的鸟类个体分布调查数据为依据，为了确保最低限度的25hm²的鸟类栖息地，将约50hm²的市场预留地与批发交易市场项目按比例进行分割，并且将市场一侧的绿地也同公园一起，进行一体化的设计。

为了进一步提高生物的多样性，考虑到黑鸭、大苇莺等需要在水域和水边草地中生长、繁殖的、喜欢边端部位的动物种类较多，因此，设计时，在尽量延长水边线和林边部位的同时，努力进行淡水泥湿地、内陆滩涂等易产生多种生态环境重合的过渡地带的建设。另外，要在海岸的砂砾地上营造出在海浪和海风的作用下砂砾移动，从而导致植物生长受到抑制这样的生长环境，其前提就是要在此进行砂砾的搅拌、湿地的耕耘、割草以及除草等生态环境管理这样的人为扰乱作业。

同时，在以现状的生息地作为动物供给源，进行生态环境维持的同时，以使动物能够向新的栖息地转移为目标，用5年的时间，进行阶段性的整备工程。

作为环境教育场所的管理规划　　东京港野鸟公园作为对人们进行环境教育的场所，在规划上也进行了种种相应的设计。在设施布局方面，从追求快乐体验的游客的角度考虑，设计了通往自然学习中心的散步道，并且力求使游客从在自然学习中心进行的观察与展示活动的体验中获得满足。另外，在

在自然生态园进行插秧作业

水边的环境和自然学习中心

自然学习中心的前面设置了鸟类观察小屋,以满足对鸟类怀有极大兴趣者的活动需求。

在作为公园保护区的东区,游客主要是通过观察设施(点)和观察小道(线)同自然间接地接触。作为地面自然体验的场所,在公园的西区营造了自然生态园。设计的重点在于恢复大田区的田园风景,使难得同自然接触的城里人在这里得到插秧、割稻等农田耕作的体验以及享受与小河、草地中的动物直接接触的无穷乐趣。作为继续建设的重点场所,进行自然学习中心的整顿与建设工作。

从群落生境向生命景观方向发展

现在,以有动物生存的空间为核心的群落生境的建设事例大有扩展之势。然而,我们看到,在这些事例中,有的尽管建造了池塘,却对作为欣赏目标的动物不甚明了;也有的在草地上生硬地进行石块的堆砌……不能与周围的景物形成和谐的风景。

我们认为,群落生境也是营造景观的重要要素。也就是说,将动物作为景观的构成要素加以把握,在人们的利用方式不断重复的过程中,从动物与人的双方视点,追求景观形成的感觉的时代正在到来。

东京港野鸟公园在继续不断地成长、变化之中。据资料记载,截至目前为止,在那里栖息、繁衍的动物中,鸟类已达198种,生态环境亦因动物的存在而得到好评,如果从作为有生命力的风景(生命景观)正在不断成长这一点上进行分析,那么,同以往的关联之处,或许不外乎是营造了以动物为轴线的风景。

正在进行鸟类观察的母女

小河原孝生

生于日本京都市。大阪府立大学农学系毕业。毕业后,在大阪市环境保健局工作的同时,还承担自然保护运动的秘书处的工作以及大阪自然环境保护协会成立的策划工作。在日本野鸟会进行了东京港野鸟公园以及Utonai湖鸟兽保护区、横滨自然观察林等全国野生动物保护及环境教育设施的调查、规划、设计以及运营协调等方面的工作。1991年成立生态规划研究所,现在担任该研究所的  董事长、所长。先后承担了"米子水鸟公园"的建设工作以及"群马昆虫之林"项目的总体规划、"札幌穹顶建筑"的生态环境设计等工作,并且与其他事务所共同配合,进行了诸多设施的规划、建设工作。最近,主要致力于未开发地项目等与野生动物相关的教育活动以及地区振兴工作。

项目名称　东京都立东京港野鸟公园
所 在 地　东京都大田区东海3-1
竣工时间　1989年
总体规划　日本野鸟会
交　　通　从东京单轨铁路流通中心站步行10分钟

LANDSCAPE WORKS

实例 24 西川嘉辉

构想
规划
设计
施工
维护管理
运营管理

营造与绿色同步成长的大规模公园景观

国营昭和纪念公园

公园鸟瞰（2002年）

国营昭和纪念公园　　国营昭和纪念公园是作为昭和天皇陛下在位五十周年纪念事业的一环、由国土交通省主持建设的国营公园，规划面积为180hm²。

该公园以"恢复绿色和提高人性"为基本主题，在距今24年前的1979年着手建设，20年前的1983年10月部分建成开放（70hm²）。现在，向游客开放的园区面积达148hm²，约占总园区面积的80%。最近，年游客量从250万人增加到270万人左右。

用于公园建设的180hm²的大面积土地是战后被美军接收、后又返还的原立川美军基地用地的一部分。在该项目实施时，对位于用地内的飞机场设施及兵舍等进行了拆除、整理作业，并且利用这些建筑废弃物和进行周边市政工程施工时产生的工程废土营造新的地形。在利用事先得到保全的表土和移植树木进行绿化的同时，进行大规模娱乐休闲空间的建设。这是前所未有的恢复大规模自然景观的建设项目。

19年前，我担任国营昭和纪念公园事务所调查设计科的科长，从2001年起，任该公园的所长，工作的范围可以涉及规划、设计、施工、管理运营等诸多方面。

在此，就我在国营昭和纪念公园工作期间所从事的各项工作中，有关"根据时间轴的景观形成"和"营造与自然共生的空间"等方面的工作情况进行简单的介绍。

需要进行综合性绿化设计的大规模公园　　在该大规模的国营公园的建设项目中，涵盖有乡土自然风景的恢复、保全以及与自然共生这样大规模的景观规划和空间规划，在实现上述规划时依据时间轴进行的旨在美化景观的植物栽植与管理，运用传统的或者新的造园技术进行的空间创造，采用大量鲜花美化环境、以吸引更多游客为目标的展示性植物栽植以及更加细致的植物造景等诸多的要素，真可谓是一项需要进行综合性绿化设计的建设事业。

在包括地形在内、需要完全进行重新建设的项目中，尤其重要的是要以公园整体的景观规划为大的框架，使各项景观美化工程同步配合进行。

1. 公园整体的景观规划和依据时间轴的景观形成

在进行公园整体景观规划时，以营造使利用者在四季变化的过程中同自然接触、亲近为宗旨，将L型的用地设定为由南北走向的自然轴和东西走向的都市轴组成的景观轴线，并在其交点位置设置大面积的水面，力求使景观的过渡更加自然、顺畅。自然轴向北依次由村落、疏林、草地以及再现武藏野杂木林风景的小山丘和自然度较

立川口的喷水、人工河道以及银杏行道树（2001年）

高的景观构成。虽然是根据这样的景观规划进行公园总体规划、各园区总体规划的编制以及施工图设计、工程施工等项工作的，但是在要求开园时完成景观营造工作的早期开园区域和从栽种苗木、幼树开始，经过管理工作过程，再现作为最终目标的武藏野杂木林风景的区域，其植物栽植设计、施工以及管理的方法有所不同。

1 早期开园区域的景观营造工作分为两个阶段进行

在施工完成之后很快就可以投入使用的园路、广场、花木园等区域，为了实现早期绿化的效果，在按照原来的景观规划进行植物栽植的基础上，进行了灌木类树木的密植和常绿阔叶树等的栽植。后来，虽然进行了小规模的间伐，但是，从树木的生长状况来看，推测很快就会进入着手进行最终景观形成作业的时期。于是，从2001年开始进行对象区域的景观评价以及根据评价结果实施景观美化工程。

具体实施时，在根据当初的景观规划和植物栽植规划推断景观达到状况的同时，考虑到对于利用者来说，营造出"如画般的风景"、"给人以舒适、愉悦感的景色"等也是重要的方面等因素，

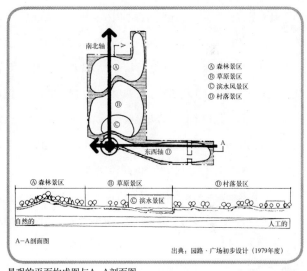

景观的平面构成图与A-A剖面图

对樱花树、交趾木叶、荷花玉兰等树木进行移植、整枝等处理作业，营造明朗、敞亮的公园景观

景观调查和景观美化方针（2002年）

第5章 进行植物、水体、石景的设计，营造共生的空间

罂粟花盛开的情景和作为公园象征的光叶榉树（植物栽植和景观美化的效果，2001年）

4300余名市民在规划为森林景区的小山丘上进行植树活动（1993年）

进行景观的评价。另外，还要考虑不同树种树木的栽植密度、树种的构成、与周边景观的协调及影响等方面的问题，进行树木的保留、整枝、移植、砍伐等作业的判定，并据此实施景观美化工程。在该项目施工时，我们尽量减少对移植区树木枝条的大量砍伐，并将砍伐下来的枝条作为宝贵的资源加以利用，为了实现其在园内的土壤还原，对其全部采用木屑化和堆肥化处理。

② 市民共同参与武藏野森林景观的长期营造过程

营造"武藏野的森林"景观，是一件非常费时的作业。为了使广大的市民通过对此项工作的参与和体验，更进一步地加深对身边自然的认识和理解，在1992年和1993年两度开展了有市民参加的万株苗木种植活动，其后的管理工作也号召市民广泛地参与。

在进行再现昭和初期武藏野的农村风景"林中村落"的景观营造工作中，从2002年开始招募市民志愿者，组织"林中村落"俱乐部，开展有关农田建设和"村落建设"等专题的研讨活动，进行从规划、施工阶段就有市民参与的初步尝试。

2. 营造与自然共生的空间

当初，"恢复绿色"的设计思想，带有强烈的景观美化色彩，对营造生物生息环境方面考虑的甚少。但是，那时，人们已经开始意识到城市中的身边自然的重要性和与自然共生的必要性。在1985年我担任调查设计科科长时，认为这一观点在该公园这样的大规模都市公园建设项目中尤为重要，并且制定了添加自然生态系的恢复和动物栖息环境整备等观点的、以自然与人类共生为目标的"村落恢复规划"，确定了有关整备、利用、保护培育的3项基本方针。在具体落实工作中，我们在进行设有水鸟池的鸟兽保护区和作为群落生境供蜻蜓栖息的湿地的设计，以及包括保护蚂蚱等草地动物生长、繁殖地等观点的管理方法的制定的同时，为了进一步扩大该项目的影响，我们通过采用市民参与的方式，开展水鸟池鸟兽保护区的植树活动。

以此为契机，我们接下来进行了1993年的"自然资源管理规划"、1998年的"生态环境调查"等动物生息状况调查和项目实施方法的探讨，进一步谋求管理方法的充实和完善。经调查显示，鸟类从开园前的33种，至1998年已经增加到90种，常见的动物也有所增加。

现在，为了制定有关利用正在构建中的运用GIS（地理信息系统）的管理数据库、使机关团体和一般市民都可以很容易地参与该项事业的规划，我们委托造园学会就此进行相关资料的调查工作。

作为蜻蜓栖息地的湿地竣工时的状况（1988年）

作为蜻蜓栖息地的湿地利用状况（2000年）

面临拥有权限与责任的工作的乐趣

作为国家公务员，通常在同一个岗位的任职时间大概是2～3年，从事像该公园这样的至项目完成需要很长时间的大规模建设项目，不可能从项目开始至项目的完成、乃至日后的运营管理都始终参与其中。但是，如果换一个角度来看问题，那么就是可以参加全国项目的各个不同阶段的工作，而且，正如本文所介绍的那样，虽然伴随着理所当然的责任，但是，也拥有很大的权限，能够在项目实施过程中发挥主体的作用，我想，作为进行创造活动的人来说，这是一件非常有趣的工作。

处于像这样的拥有很大权限和责任的立场上，为了使项目的基本方向不发生偏移，我常常会重新思考总体设计等的设计宗旨，在重视利用者和地区方面的意见、要求的同时，特别注意进行灵活应对时代的新要求、新技术方面的尝试，以及在下一任工作人员接替我的工作时，工程可以实现顺利过渡等方面的问题。在像本公园这样的大规模的建设项目中，除政府的相关部门外，还要涉及接受管理委托的公园绿地管理财团、造园技术顾问、施工者等许多的人员和部门。要使该项目能够取得成功，就要使项目相关人员能够达成共识，激发他们的工作热情，并使其各自的能力得到充分的发挥。为此，要实现情报资料共享，整顿事业环境，并就项目实施过程中出现的各种问题尽快地做出判断。我想，这就是所长的重要工作吧。

西川嘉辉
生于日本北海道函馆市。千叶大学园艺学系造园学专业毕业。1977年，在建设省（现在为国土交通省）负责造园方面的工作。曾先后在各国营公园工程事务所、建设省都市局公园绿地科、国土厅、北海道开发局、地区振兴整备公团、大津市等单位和部门工作。从2001年起，担任国营昭和纪念公园工程事务所所长。参与北海道及全国的大型野营营地网建设构想、埼玉新都心、首里城地区、冲绳美海水族馆、本庄新都心规划、旧琵琶湖饭店的公园化设计、设有昭和天皇纪念馆的绿化中心设施等项目以及城市建设、地区建设、公园设施等大规模项目的规划及实施等诸多方面的工作。同时，还致力于国营公园建设过程中的地区协作、市民参与以及公园经营等方面的工作。

项目名称　国营昭和纪念公园
所在地　东京都立川市绿町3173
事业者　国土交通省
管理运营受托者　公园绿地管理财团
实施时间　1979年～
交　通　从JR立川站步行15分钟

LANDSCAPE WORKS

实例 25 齐藤浩二

构想
规划
设计
施工
维护管理
运营管理

采用产业遗产再生与岩石造型设计的处理手法进行公园建设

札幌市石山绿地

设于公园副入口广场上的凉亭和五人雕刻家小组制作的立体导游牌、座椅及饮水台

建筑材料软石的产地，石山

札幌软石为支笏火山熔结凝灰岩，它作为易于加工的建筑材料，从明治时代初期，在札幌、小樽等地的建筑中被广泛地采用。该软石产地的地名为"石山"，那时，这里拥有马车、电车等诸多交通工具，一派兴旺的景象。但是，由于软石作为结构材料，其强度欠佳，所以随着混凝土材料的普及，这里很快出现衰退，到了昭和50年代，这里已经停止进行采石作业了。

此后，采石场一直处于闲置状态，成为产生粉尘污染和治安等诸多方面问题的、令地区感到困扰的场所。

拯救被弃置的土地

生活和居住在北海道的雕刻家们，受到著名雕刻家伊萨姆·诺格奇先生在Moere沼公园所做工作的鼓舞和激励，在1991年向札幌市政府提出请求，希望有机会参与公共空间的规划建设工作。札幌市政府接受了这一请求，并计划将多年来悬而未决的采石场旧址作为公园用地进行整顿和建设。我以项目协调者的身份，从景观营造工作的立场出发，参与该项目的工作，并且成立了石山绿地建设项目的课题研究小组。

在规划用地上，茂密地生长着虎杖、狗尾草属植物等高茎草本植物和胡枝子、白桦等树木，随处可见散乱堆放着的废旧机械和垃圾，处于一种长期无人管理的荒废状态。然而，由垂直耸立的软石石壁和常年被风雨侵蚀的火山灰层以及其上面茂密生长的树林构成的特异景观是大自然与人类经过漫长时间营造出的土工风景，是可以向人们诉说地区历史的宝贵的产业遗产。我们所面临的课题是如何重新赋予其生命，使这里焕发出生机和活力。为此，需要有坚强的意志、细致的工作以及相互间默契的配合。

雕刻家与景观建筑师

五人雕刻家（小组名称，即CINQ。译者注："CINQ"，法语，意为"五"）小组并不是意欲单纯地在公园中设置雕刻作品，而是希望借此进行空间自身的建设。在该项目中，我所起的作用就是力求充分发挥他们的作用，积极创造条件，为他们提供工作的支持，使项目得以顺利地进行。经过反复的研究、论证，确定出公园整体建设的框架，即进行环境调查；对有崩塌之虞的石壁和火山灰层，在确保安全性的前提下，不施加特别的人工处理，任凭留下岁月的痕迹；对于处在背景位置的橡树和枫树等落叶阔叶林，完全不做人工处理，并设定为保护区；对于规划用地内因建筑的建造而形成的人工坡面，进行原有植被的恢复等等。进行该项目的设计时，大家在拥有共同设计理念的同时，展开充分的讨论，最后，由五人雕刻家小组提出作品的表现形式，大家就此从安全型、功能性、施工性以及经济性等诸多方面进行研

鸟瞰图

上／公园整体模型。在建设现场被作为研究资料使用
中／公开进行雕刻作品制作时的五人雕刻家小组。以模型为基础，研究细部设计
下／1994年"背面的小山丘"公开制作时的情景

究、探讨，并且在多次意见反馈的过程中，对设计方案不断地进行完善。

对于习惯公园建设规划工作的我来说，虽然对雕刻家们在大家认为作品设置过多的不利情况下，依然采取的不管时间和预算的限制如何，也要努力追求能够取得大家理解的执著的工作态度感叹不已，但是，在一个潮流中，有时也会迫于无奈做出严酷的判断。同时我还多次同对雕刻家的设计构思怀有疑问的市里有关方面的负责人进行激烈的辩论。

设计理念

北海道的城市还很年轻，城市的风景在一天天发生着变化。但是，反过来讲，我认为，任何一座城市都需要拥有无论何时都不会改变的风景。在进行该方案的设计时，以在石山地区不曾改变的、具有象征性意义的"岩石"为主题，公园的设计理念是"为筑就北方城市的岩石雕刻安魂歌"。所谓"使石魂宁静"就是着眼于现在依然留存的未经人工雕琢的软石石壁的存在，通过采用在那里设置现代风格的石雕作品，使其形成对峙景观的处理手法，使人们重新认识岩石之美及其力量所在。

在该公园的规划方案中，考虑将原先开采软石时形成的四个空间分别赋予观景、戏水、散步、聚会、休闲等不同的功能，使其各自具有鲜明的个性。这些分区的具体设计分别以"形体的阴面与阳面"、"垂直面与水平面"、"干燥与湿润"、"无色彩与原色"等为基本方针，营造出给人以抑扬顿挫之感的公园景观。同时，照明灯、座椅等园内器具类设施也采用由五人雕刻家小组创作的富有人情味的作品，力求进行充分体现从整体到局部的连贯性、实现空间与游人对话的公园建设。

公园的建设过程

公园的建设从总体规划设计到施工图设计都是由设计小组进行的，困难的是其后的建设阶段。因为五人雕刻家小组设计制作的纪念性设施和园内器具类设施作为雕刻作品，不是从外部购入，而是在工程建设中制作完成的，所以，除了要使施工者充分了解设计者的设计意图外，还需要就五人雕

第5章　进行植物、水体、石景的设计，营造共生的空间　　129

上／从瞭望广场欣赏"螺旋状设计造型的喷水"及远处的风景
中／在"午后的山丘"上轻松休闲的一家人
下／设置在主入口处的、由五人雕刻家小组制作的纪念性雕刻作品"呼吸之门"及照明设施

刻家小组所进行雕刻作业进行各方面的调整。在景观营造方面，原本是需要设计监理的，然而，在多数情况下并未引起大家的重视。在石山绿地建设项目中，监理工作也未纳入我的工作范畴。但是，在此情况下，我断定即使设计完成后也需要在现场进行方案的研究和调整，直到项目的最后完成。在很多情况下，即使是在设计阶段经过反复推敲、修改已经完成的设计方案，在现场进行实际施工时，往往还需要进行再次的修改。在石山绿地建设项目中，广场的形状、装饰面的高度以及园路的线型都是在现场决定的。园内器具设置的位置也是当场研究、确定的。由于五人雕刻家小组自己制作的作品部分，其最后制作完成的雕刻作品的形状同设计图中所表示的存在着很大的差异，因此，在作品制作完成之后，重新进行了测量及绘图作业。

虽然，设计时，建筑师和地质方面的专家也参与了其中的工作，但是，在进行建设时，也需要各方面专业人员的共同配合。为了进行螺旋状塔的石块堆砌作业，造园会社的工程项目负责人和石匠一起，将萝卜切成碎块，反复地进行研究、探讨，就施工方法提出积极的建议和主张；负责其他部分工程的建设者也对所承接的困难、复杂项目倾注了极大的工作热情。我想，这是因为尽管大家所处的立场不同，但是，作为采石场再开发项目团队的成员，都相互拥有共同的目标意识的缘故。

札幌市之所以能够进行这样的特殊公园的建设，就是因为札幌市从开始就采取了认同雕刻家参与的灵活姿态，并且得到了广大市民的热切关注和积极支持。从最初阶段开始，许多市民就将石山绿地与公园建设联系在一起，企盼能将这里建设成为可供人们欣赏岩石景观和雕刻作品的、新的娱乐休闲、聚会交往的场所。但是，在进行艺术性很强的景观设计方案研究的场合，难于实现市民的直接参与。在此情况下，我们决定将公园建设的场面向市民公开，求得市民的理解，并观其反响如何。在夏休一个月的时间里，我们将五人雕刻家小组

1997年，在石山绿地艺术节上表演的能乐（译者注：日本的一种古典乐剧）。此后，每年都举办这样的活动

制作雕刻作品的现场向市民开放，市民踊跃前来参观的情景出乎我们的意料。新闻媒体对此也进行了大量的报道。大多数来访者支持我们的方案，这使得公园的建设者们信心大增，同时，也令比我们更加感到不安的札幌市方面增强了信心。此后，公园的建设工程进展顺利。在公园建设完工的前一年，以五人雕刻家小组的作品为中心，举办了雕刻作品展，同时，还开设了家长与孩子共同参与的学习软石雕刻的雕刻教室，从而使大家更进一步地感受到岩石的魅力，并进一步了解这片土地的由来。该雕刻教室获得了极大的好评，从那以后，这里每年都举办这样的活动。

重新复苏的风景的价值

前后大约经过6年时间的整顿建设，现在，被弃置多年的采石场已经成为市民日常休憩的场所，同时，也成为可以举办"石山绿地艺术节"等可供众多人聚会的场所，成为改变石山地区的地区形象的象征性的存在。或许可以这样说，它使岩石的风景重新获得生命力，同时，也给该地区带来了新的价值。

就像我在石山绿地建设项目中所起的作用一样，在景观营造工作中，也存在着对一些无形的东西加以适当处理的领域。特别是在同其他领域的专家协作、共同面对环境的时候，景观建筑师在其中扮演着必须对整体环境的各个方面进行认真思考的角色。虽然，公园已于1997年建设完成，但是，它依然继续存在于我们的生活之中，从不断变化的公园风景的角度来说，公园的建设并没有结束。对于同这样的场所有关联，并且被岩石表现出来的力量和魅力深深感动的我们来说，今后也会一直担负起对公园的建设发展出力献策的责任。

为岩石雕刻安魂歌，也就是吟咏人类灵魂的安魂歌，同时，也是在医治我们自己心灵的创伤。

齐藤浩二

1947年生于日本北海道早来 。虽然在东京教育大学学习工业设计，但是却对以大批生产、大量消费为目的的设计工作持怀疑态度。进入大学研究院后学习环境设计。在学习硕士课程的第3年，在保留大学研究院学籍的情况下，在造园设计事务所进行实际工作的体验。硕士课程完成后，又回到北海道，曾先后在造园会社及设计事务所工作。1985年成立Kitaba景观设计，主要采取合作设计、参与设计、植物设计等工作形式。在努力探求提高设计水平的同时，致力于景观规划、公园设计等方面的工作。除担任北海道东海大学外聘讲师外，作为北海道的景观顾问，担负着建设美丽的北方城市的重任。

项目名称　札幌市石山绿地
所 在 地　北海道札幌市南区石山78-24
竣工时间　1997年
委托部门　札幌市
设　　计　雕刻家集团五人雕刻家小组、Kitaba景观设计
施　　工　雕刻家集团五人雕刻家小组、造园会社若干
交　　通　从地铁真驹内站乘坐公共汽车+步行5分钟

LANDSCAPE WORKS

实例 26 有贺一郎

构想
规划
设计
施工
维护管理
运营管理

营造作为社区人们活动、交往中心的小树林

太阳城·社区花园

社区和景观（基本理念）

经济高度成长末期的、价值观开始从以物质为中心向以人为中心转变的时期，决定了太阳城住宅区规划的方向性。即在进行邻近市中心的用地规划时，在确保其具有如同郊外般绿色自然环境的基础上，为这里的居住者提供可以享受文明、现代的生活，且将来也不失为高质量的、丰富的人居环境。

高层化、集约化的住宅建筑产生出大量的公共空间，人们可以在这里进行各种社区设施和绿化环境的建设。在此，从前的、个人将庭园围合起来的日本人的庭园观发生了180度的转变，变化成为共有的、开放的庭园观。人们从各自的家中走出来，在新型、文明的人际关系中相互交往，开始进行以前不曾有过的、作为"城市人的家乡"的建设。或许，这项事业在当今兴起的社区活动中会不断地继续进行下去。

1975年 Sun造园规划报告书（有贺）

以"建设新家乡"为主题

大约在30年前，因房价波动因素所致，人们不固定居住在一个地方。作为人们暂时居所的公寓住宅的贫民窟化成为令人关注的社会问题。在太阳城规划项目中，提出以建设"常住型住宅区"为目标、以"进行新家乡建设"为主题的设计指导思想。为此，同时还提出重要的是做好成为绿化和社区基础的生活环境的整顿与建设，以及"社区·景观"的设计理念。设计时，考虑采用积极进行原有树林的保护及杂木林的恢复，有意识地在绿地中零散设置社区设施，在人与绿地形成相互关联的过程中，完成城市建设这样的规划构思和处理手法。

太阳城建设项目概要及志愿者活动

太阳城是面积为12.4hm^2、住户数1872户、居住人口约6200人的集合住宅区。该住宅区位于东京都板桥区的大致中央位置、武藏野高地边端的坡地上，由东、西两面的山丘和其中央南北走向的山谷构成，拥有高低差达15m左右的、起伏多变的地形。

该项目从1972年着手进行建设，历时9年时间，于1981年建设完成。虽然建筑的建造并没有什么特别之处，但是，建筑布局不是采用当时在大型住宅区建设中经常可以看到的高层板式住宅建筑平行设置的处理手法，而是采用确保中央部位起伏状的大型开放空间、周围散在布置14栋高、中、低层住宅建筑的布局形式。这在当时来说可谓是新的开发手法。

现在，这些住宅建筑耸立在一片树海之中。这里的树木与生活在这里的人们一起慢慢地增加着岁月的年轮，成长为一片茂密的树林。

对这片树林进行精心呵护、管理的是太阳城绿化志愿者组织的大约90名志愿者。大约在20年前，居住在这里的人们在曾经是一片秃山的中央绿地上栽植树木，并进行精心的管理，现在这些树木已经成长为颇具自然情趣的杂木林，这里也成为绿化志愿者们开展社区活动的场所。志愿者们每周都要对树木进行整枝、间伐、补植、剪枝等绿化管理作业。进行间伐等作业时产生的树木和枝叶等并不作为垃圾清运出去，而是将其全部在用地内加以利用，如用于香菇栽培、烧制木炭、制作挡土栅栏、堆肥、营造群落生境等方面，实行废物循环利

总体规划平面图

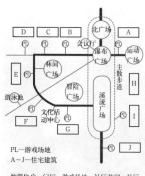

PL—游戏场地
A~J—住宅建筑

按照住户→门厅→游戏场地→社区花园→社区设施的顺序，社区活动的等级不断地提高

社区花园概念图

20年前的社区花园

现在的社区花园

用。香菇和木炭等生产物出售给地区的居民，贩卖所得及各种补助金等收入全部归于太阳城管理组合。

另外，尽管太阳城是城市中的街区，但是由于友人和亲戚在这里居住，这里逐渐被营造出"村庄社会·家乡"这样的特征。20年前来这里居住的工薪者家庭，这些人现在已经是50~70岁的年龄。最近，邀请已经独立生活的子女及其家人、以及居住在农村的父母到小区来做客的做法十分盛行。如今，这里成立了30多个活动小组，社区活动开展得十分活跃。这里拥有"良好的自然环境"、"丰富的居住环境"以及"温暖和谐的人际关系"。这里始终保持较高的定住率就是由于其"适宜居住"的缘故。或许正是由于这一点，尽管住宅区中的公寓住宅已经建成20年了，但是仍然具有其房屋价格保持不降的经济效果。

我与太阳城的机缘

在根据"绿地的保护与恢复"及"创建社区"的基本理念提出"进行家乡建设"的设计构思以来，我与该住宅区的树木以及生活在这里的人们打交道已经有大约30年的时间了。经历了项目建设过程中的专题研讨会、植树节活动，为纪念太阳城建成10周年开展的历时一年的、住民共同参与的环境整顿建设活动、近年来为从事社区绿化维护管理工作的志愿者提供技术咨询等等。

1973年，我作为从事综合建设技术咨询工作的Sunko技术咨询股份有限公司（サンコーコンサルタント（株））的新职员，从负责植物栽植工作的角度出发，参与该项目的策划工作。1975年，受石油危机的影响，通过举办设计竞赛的形式，对以前所做的规划方案进行重新评价。我提出的用地规划方案被采用，同时我被选任景观设计决定部门"广场会议"的常任委员。这样一来，我参与了该项目的策划、规划、设计、监理等一系列的工作，直至项目的完成。现在，仍在从事与此相关的工作。

"广场会议"组织策划了在当时几乎没有先例的"在同初期入住的居民的孩子们游戏的同时，进行广场设计"的课题研讨会，以及作为入住纪念、植树节活动的、居民参与进行的苗木移栽活动等。作为设计者，不仅要进行物理上的场所建设，而且，在项目建设过程中还要尝试进行作为运营软环境、以"绿化"为媒介的"社区"、"家乡"的建设工作。

1990年，受太阳城管理组合的委托，我担任为纪念太阳城建成10周年开展的住宅区内环境重新整备活动的技术顾问。在这一年的时间里，每月我都要出席环境部的会议，与社区的居民一起共同进行规划研讨、工程项目委托、协议的签订以及施工监理等方面的工作。居民方面的意见涉及修建花坛、营造茶庭、菖蒲园以及梅林等诸多方面。针对住宅区内的现有树林已经呈现出高密度状态，而居民所希望的"开花的植物"需要有良好的光照条件，

召开专题研讨会（1978年）

植树节（1979年）

进行烧炭作业

如果不改善光照情况则不能很好地生长，且低层住户的采光也受到了影响等方面的问题，建议进行"有选择性的间伐"，但是，这一建议在当时未被采纳。

然而，树木在不断地生长，已经到了不能再放置不管的地步了。管理组合的理事会和环境部会开始同有关专家就举办宣传报告会、树林状况调查及管理等方面的问题进行商谈。并且，从1995年夏天开始，社区的住民志愿者开始进行自主性的维护管理活动。

此后，我再次接受了有关"环境维护管理工作程序说明书"的编写工作，并且于1997年冬提出了有关"居民参与的维护管理活动的活动规划"。在那年的春天，我参加了由理事会和环境部会牵头进行的社区志愿者组织的筹建工作，从那时起直至现在，一直担任此项活动的技术咨询工作。

最初的技术咨询工作主要是进行以吸引志愿者参加为目的的活动规划的制定，以及以任何人都可以做到为宗旨的活动指南的编写及其实践活动。在志愿者活动的初始阶段，主要努力进行以力求使居民乐于坚持参与为宗旨的活动内容的制定等方面的工作。在志愿者活动开展的第3年，志愿者活动已经基本步入正轨，此后的技术咨询工作的重点放在力求得到全体居民的理解和认可、协议的达成、会员的扩大、管理技术的提高以及最近的宣传工作等方面。

随着志愿者活动的日趋成熟，志愿者活动的范围也在不断地扩大，如通过志愿者活动的开展实现环境管理补助金的确保，专题讨论会的举办，为报告会聘请报告人，同中、小学校联合实行环境教育等等。

以前，如果太阳城出现有关绿化方面的各种问题，往往会向大学教授、造园技术顾问、树木医生、林业技术员、环境技术顾问、烧炭师傅等专业人士请教，并将学到的知识运用到活动实践之中。在社区志愿者中，也不乏精通各种技术的专业人员，他们在一系列的活动中发挥着重要的作用。

综上所述，太阳城住宅社区志愿者活动概括起来有如下几点：①依靠有关专家、技术精通者的力量开展实质性的活动；②开展管理组合等资金援助者所公认的活动；③以"作为一种精神享受和人生价值的体现"这样的心态参加此项活动的众多志愿者的存在是这里开展的志愿者活动的特征，也是其成功的秘诀所在。

创造并非"社区山林"，而是"地区人们共享的山野"风景的魅力

为了使此项活动长期坚持开展下去，根据太阳城管理组合和社区居民的要求，制定出中长期的"都市内森林景观理想状态的发展规划及管理、运营规划"。

为了使涵盖资源循环利用、高龄者的生存价值、成本的降低、与环境共生、生物多样性、健身运动、居民

进行香菇栽培作业

从志愿者活动中获得精神上的享受,实现人生的价值

春芽萌发、满目新绿的风景

参与、综合知识学习等现代主题的此项活动能够长久地开展下去、并得到广泛的普及和发展,今后要进一步作好信息交流及信息宣传工作。

在太阳城住宅区的中心部位,呈现出花木和花卉等园艺品种、引入的野生植物品种以及通过维护管理恢复生长的野生植物品种共存,以及烧制木炭、栽培香菇、竹笋等"太阳城独有的、新的都市共生型杂木林"的风景。

在此,我们不是将该太阳城的森林作为应该实施保护的"社区的山林(即与社区人们生活密切相关的山林)",而是将其作为人工营造的、人们像侍弄自家庭园般地对其进行维护管理而形成的"都市森林",并称之为"地区山林(即地区人们共同拥有的山林景观)"。

开展志愿者活动的目的就是使人们能够"获得精神上的享受、实现人生的价值"。志愿者不是单纯的无偿"劳动力"。"绿地的维护管理活动"则是实现上述目的的一种手段。活动的参加者虽然多是身体健康、精力充沛的高龄者,但是最近的调查表明,年轻人和中学生也加入到志愿者的行列之中。

太阳城已经建成20周年了,在将志愿者活动的意义亦作为重要评选内容的参赛作品中,该项目荣获"绿色都市奖·建设大臣奖"、"板桥区环境保护奖"、"景观技术咨询协会奖·最优秀奖"、"日本造园学会奖"等各种奖项。这些奖项的取得给社区志愿者以极大的鼓舞。

对于我来说,这项常年开展的活动实际上也是对自己所提方案的进一步"完善"和"检验",是"精神上的享受和人生价值的体现"。作为造园家来说,对于能获得这样的工作机会表示深深的感谢。

有贺一郎
生于日本神奈川县。青山学院初中、高中毕业。东京农业大学造园专业毕业。而后进入Sunko技术咨询公司工作。现任地区·都市规划部部长。技术士、树木医师、环境技术顾问。
初期,主要从事"太阳城"、"Lions球场"、"松丘住宅"等有效利用自然环境的开发项目。中期,被派往东京迪斯尼乐园工作,历时8年时间,主要负责用地规划方面的工作。同建筑土木等方面的专业人员共同合作,进行"Lalaport(ららぽーと)"、"东京都新市政厅"、"尾高桥"、"菊名池游泳池"等项目的建设工作。最近,主要从事"横滨海洋公园"、"生态廊道"、"多自然河川"等与环境共生相关的建设项目的工作。
发表著作若干。
曾荣获东京农大造园大奖、绿色都市奖、CLA协会最优秀奖、日本造园学会奖等多种奖项。
现在,除担任CLA协会技术委员会副委员长、街道树诊断协会理事、日本树木医学会、横滨滨水环境研究会等方面的工作外,还要处理许多有关市民活动方面的事情,每天都在忙碌中度过。

进行堆肥作业　　　　　　　　进行环境教育和学习体验

项目名称　太阳城·社区花园
所 在 地　东京都板桥区中台3-21
竣工时间　1981年
委托部门　建设时,三井不动产;现在,太阳城管理组合
规划设计　Sunko技术咨询公司(景观)
施　　工　东洋造园土木(景观)
交　　通　从地铁都营三田线志村3丁目站步行5分钟

第5章　进行植物、水体、石景的设计,营造共生的空间　　135

LANDSCAPE WORKS

实例 27　高桥　勉

在水田旧址上营造湿地植物园

箱根湿生花园

从空中看到的箱根湿生花园（右）及仙石原湿地植被恢复区（左）

有效利用自然生态的植物园

箱根湿生花园是位于年接待国内外游客人数达2000万人次的箱根国立公园中的植物园。位于海拔650m、年平均气温12℃、年降水量3000mm的低温高湿的高原地区，利用原先曾为湿地中的一部分的水田旧址，在有效利用"排水不良的湿地"这一环境条件的同时，以采用仿自然植物群落形态的处理手法对日本湿地植物进行配色栽植的所谓"自然生态园"的形式营造的植物园。

在一年中8个月的开园期间内，来园的游客人数约为40万人，其中的85%为个人游客，且60%以上为中老年女性。另外，还有一个显著的特点就是或许是靠近首都圈的缘故，来园游客中的55%为多次来园者。

我是从箱根湿生花园还作为"仙石原湿地示范园（暂称）"进行建设的1974年春天，作为箱根町的技术职员，开始从事湿生花园建设工作的。在1976年5月箱根湿生花园开园后直至现在的27年间，一直从事植物园内未整备区域的整顿建设、园路的修建、设施的充实以及各种特别展示活动的举办等各项工作，始终关注着植物园的建设与发展。

在园区内，从低地开始，除设置具有山地、高原特征的各湿地群落区外，还设计有体现当地的仙石原湿地区特点的4个湿地区域，同时还添加了高山植物区和芒草草地2个区域，并在其周围配以树林和小池塘，园中的木走道曲折延伸，使人宛如置身于小小的湿地之中。

该植物园的设计充分利用了邻接的仙石原湿地的开阔和在适当距离的位置可以欣赏周围群山风景的借景效果，作为面积只有3h㎡的植物园，尽管规模比较小，但是却给人以开阔之感。

进行作为湿地示范园的构想与规划

"力求设置与箱根国立公园相适合的设施。"箱根町政府的有关部门在与箱根町的有识之士进行反复的讨论、协商后，提出了在该水田旧址上进行以湿地保护为宗旨的、禁止游人进入，甚至连观景也难于实现的、少为人知的仙石原湿地"示范园"的基本构想。在具体实施阶段，我对各地区的湿地和植物园的状况进行了考察。从考察中得知，湿地的维护管理是一件十分困难的事情，且开园后也需要有专门人员对其继续进行维护管理。因此，植物园的设计未采用对外委托方式，而是由箱根町的有关技术人员自行进行图纸设计及植物栽植规划的制定。

在规划上特别值得注意的是所营造的对象不是学术意义上的植物园，而是完全作为观光设施的公园。因此，在植物园开园期间，要力求营造出园内始终保持鲜花盛开的美丽园景。

根据植物园的基本构想，为了使游人沿着穿过树林、进入草地、再进入湿地的正常游览路线，观赏到从

上/园内呈现出一片新绿的风景
下/观音莲和早春的湿生林

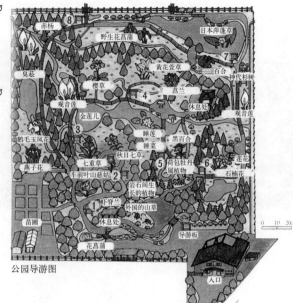

①落叶阔叶林植物
②芒草草地植物
③低位湿地植物
④沼茅草地植物
⑤高山的花田
⑥高位湿地植物
⑦仙石原湿地植物
⑧湿生林植物

公园导游图

低地植物到高山植物的各种景观，在规划方案中设置了不同的景区（群落）；同时，在园路设计上采用了使其内外绕行两周的处理手法，以增加狭小园地的开阔感。各个景区分别以日本的湿地和树林等的群落为参照，以观赏价值高的植物为中心，制作"花历"（译者注：按四季开放的时间排列花名，并注明其名胜，以表示季节的推移），进行植物栽植规划的编制工作。

进行以营造颇具自然情趣的景观为宗旨的设计与施工

箱根湿生花园的建设工程始于1973年11月。在最初年度，主要是进行地形的建设和部分树木的栽植作业。我是从第2年开始参加该项目工作的，主要从事有关木走道等园路建设和树木栽植等方面的工作，第3年进行作为植物园主体的湿地群落的营造及展示馆的建设，1976年5月植物园对外开放。那时，园内的树木尚为幼树，又矮又细，花开得也十分稀疏，到处可以看到裸露的地面。植物园当时处于完成度约为60%的状况。

建设时，为了使重型机械不进入营造湿地群落之处，在各处设置了可以细致进行群落水位调节的闸门。

营造充分体现自然特色的景观是该建设项目的基本理念，因此，对池塘和小溪的边缘部位不做任何修饰，使之呈自然开挖状，尽量避免人工构筑物的设置。

为了在短期内营造出湿地群落景观，首先需要进行覆盖地表的绿化工作。虽然低地湿地区（低位沼泽区）和仙石原湿地区自生的植物就已经足够了，但是，对于规划种植黄花萱草的山地湿地区（沼茅草地区）和泥炭藓覆盖的高位湿地区应该如何进行处理？这是从规划实施的最初阶段就开始面临的课题。没有时间进行沼茅和泥炭藓的大量栽植，在大学附属植物园的老师的建议下，我们采用了从开发预留地和泥炭采取地的现场将当时不用，且没用利用价值的湿地群落进行切割、运输作业、在规划用地上营造湿地景观的处理方法。这一方法在自然保护思想日益普及的今天或许是不能实现的。那时，为了装运1500m²的大量的湿地群落，等候从北海道始发、凌晨到达的冷藏车，我与我的同事一起，一连几个夜晚在仙石原住宿的经历至今令人难以忘怀。在该群落中生长有黄萱草、朱兰属植物等。园中的植物初期只有650种，现在已经达到1700余种。

植物园内园路全长1km，以木走道为主体。为了使园路富于变化，利用原有的田间道路，进行土道部分的设置。木走道的路宽设计为可供3人并排行走的宽度，路面采用花旗松铺就而成。为了使行走者的视线有所变化，应该尽量避免采用直线型园路设计，要使之呈徐缓弯曲状。

根据季节与植物的不同，实施相应的绿化维护管理

对于我来说，作为初次经历的湿地的，而且是自然

箱根湿生花园

生态园的维护管理，这在生态园的维护管理中也属特例，更何况是人为营造的当地的仙石原中并不存在群落，其维护管理工作比原先想像的要困难得多。从北海道引入的"群落"，生长环境存在着差异，逐渐地被湿地中萌生出的蓑衣草和芦苇等具有生长优势的、仙石原的自生植物所压倒，渐渐地产生变化。此时，如果管理工作稍有松懈，那么，这种情况将会十分的明显。将妨碍该群落特有的植物生长的植物作为杂草进行铲除，或者连根拔掉；将对其不造成影响的植物作为绿化植物进行保留。像这样抑强扶弱的管理工作针对不同的群落和不同的季节会有所不同，要求所有从事管理工作的职员要掌握植物群落方面的知识，并具有从事该方面管理工作的经验。

在所营造的植物群落中，既有不断增加的植物，也有渐渐消失的植物。每年补种所需的植物大多由从事山草业者手中购入。

但是，像观音莲和黄花萱草这样的湿地的主要植物，则委托靠近其自生地的雪国的农家进行栽培。

园内环游道路——木走道的维护管理

除了植物群落之外，象征湿生花园的木走道，其整修周期设想为10年。开园后，在对其进行局部维修的同时，正如当初所设想的那样，已经对其进行了两次全面的整修。但是，从两次木走道整修工程的实践中可以看到，由于进行全面的整修，木走道周围的植物群落被踏坏，且就桥墩而言，尽管只是暴露在空气中的部位发生朽烂、位于水中和土中的绝大部分尚属完好，却也要进行完全的更换。因此，从资源保护的意义上考虑，我只是将构成土台的桥墩和桥桁部分改换为由再生塑料制成的仿天然树木。这样一来，今后在进行整修时，只需更换上部的木材料部分，可以将对周边植物的影响控制在最小的限度。

虽然，从植物园的性质来说，不管在任何时候，采用天然材料都是景观营造方面的最佳选择，然而，设置在那里的仿天然树木并不像当初所担心的那样显眼，这才使我松了一口气。

从利用者的角度出发，进行创造性的运营管理

作为园内开花淡季时的活动内容补充，在每年的春季、夏季和秋季举办3次特别的展示活动、进行利用者可直接参与的摄影作品的征集、暑假期间开设以青少年为对象的植物教室以及开展考虑到下一代的利用的各项活动等，努力促进公园的有效利用。

另外，每月还举办两次自然观察会活动，来访者与园内的工作人员一起，到园内的各个自然

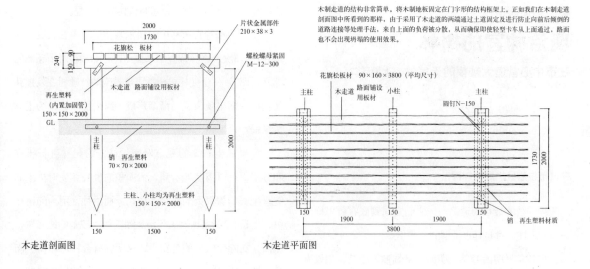

木走道剖面图

木走道平面图

观察点进行巡回观察，并且接受有关在国立公园内享受自然乐趣的方式、方法等方面的指导。同时，还将每日变化的园内植物开花状况的有关信息编辑为每月3期的《花卉信息》，为询问者提供相关的情报，并将其散发给有关的宣传媒体及公园周边的商业店铺等，力求利用一切可能的机会进行植物园的宣传、介绍工作。

管理工作仍然在继续

至今，箱根湿生花园已经开园25年了，仅就树木而言，当年栽种的幼树渐渐长大，已经初显景观的效果，对自古存在的湿地稍微施加人工处理，便营造出颇具"自然情趣"的公园景观。但是，实际上，受自然恢复力的阻碍，人工营造的沼茅草地和高位湿地的维护管理工作遇到了很大的困难。虽然我们在同杂草展开艰苦战斗的同时，进行了现在已被大家所了解的各项维护管理工作，但是还是面临着许许多多需要进一步研究、解决的课题。诸如营造怎样的植物群落？怎样才能够实施有效的维护管理？……。在进行生态园的维护管理工作中，我切实地感受到如果没有自然方面的渊博知识和丰富的实践经验，是难以胜任此项工作的。要进行植物的培植，首先，要对在那里工作的人们进行培养和提高。

然而，对植物的喜爱自不必说，我衷心地希望作为可以同时观赏到蜻蜓、青蛙、鸟类和鱼类等动物的湿地植物园也被少儿们所喜爱；希望作为深受外国游客欢迎的、可以为人们展现日本丰富的植物品种的箱根湿生花园能够永久地存在下去。

写给造园工作者的话

作为生态园的箱根湿生花园在对所营造的植被实施进一步的人工管理时存在许多的困难。即使是进行工程施工时，也要首先考虑采取怎样的方法才能使生长中的植物得到最有效的利用；不仅采用可以进行快速处理的机械处理方式，在很多情况下，采用传统的造园技术进行处理，往往会得到更理想的效果，虽然，我们现在经常是在反复摸索中进行工作，但是，在许多情况下，必须是在与自然对话（生态学上的思考）的同时来进行。造园工作者不仅要拥有造园方面的技术，而且还需要全面地了解和掌握有关生态学方面的知识。

高桥　勉
1974年东京农业大学农学部造园专业毕业。同年，在箱根町政府部门供职，担任观光产业科设施系"仙石原湿地示范园（暂称）"建设项目的负责人。1975年调到公营事业科工作，"仙石原湿地示范园（暂称）"亦被确定为"箱根湿生花园"，我继续从事该园开园前的各项建设工作。1976年5月21日，箱根湿生花园对外开放。当时，我担任园内管理职员。1998年4月起，担任箱根湿生花园的园长。

项目名称	箱根湿生花园
所在地	神奈川县足柄下郡箱根町仙石原817
竣工时间	1976年
委托部门	箱根町
设　计	箱根町
交　通	从JR小田原站、汤本站或小田急电铁箱根汤本站乘坐公共汽车，在仙石导游服务处下车，步行8分钟

■历史造园遗产 6

明治神宫的树林
在市中心营造大规模的天然林·上原敬二

龟山 章

在城市中心区扩展的神宫

位于东京市中心的神宫球场、国立体育馆、明治神宫以及神宫前的参拜用道路……它们之间到底有着怎样的关系？或许，对其真正了解的人并不多。

1912年（明治45年）明治天皇驾崩。于是，创设以天皇为祭神的神社的国家大项目开始实施，从此，拉开了明治神宫营造工作的序幕。将神社及环绕它的林苑称为内苑，其正面通向神宫的道路是作为神宫的参拜用道路建设的。神宫球场的正式名称是明治神宫球场，国立体育场和绘画馆一带的地区是作为神宫的外苑进行建设的。

明治神宫的内苑由环绕神社的茂密的树林、其南侧的日本庭园以及北侧的英国风景式庭园三部分组成。其中，特别引人注目的是神宫的树林。因为这片树林有着古老的、原始森林般的氛围，即便听到有人告诉你："那只是大约80年前营造的人工林"，也会令人感到难以置信。此项工程是1915年开始实施的。在用地总体规划编制完成后，马上着手进行栽植作业。1920年神社院内的主要植物栽植工程结束，转年，所有的工程全部完工。

运用栽植技术，营造理想的树林

明治神宫院内的树林是以营造与神社院内的肃穆气氛相协调、适合当地的气候、风土条件、耐受大气污染、即使不施加人工管理也能够维持生长的树林为目标，选择营造以米槠、橡树占优势的常绿阔叶林。如果运用现在的生态学的知识进行分析，可以得知这恰是当地的自然植被，是与当地自然条件相适合的合理的选择。

当初，神社院内树林的建设目标是营造以米槠和橡树为主的常绿阔叶林，但是，这些树木生长缓慢，不能很快地形成常绿阔叶林景观。因此，营造工作完成后，在积极构思如何设法在短时间内营造出神社院内树林景观的同时，着手进行随着时间的推移可以逐步形成理想的树林景观的、如图1所示的4层林栽植工程。

关于明治神宫树林中的树木栽植后的生长状况，此前曾作过3次调查。调查结果显示，正如栽植时所预测的那样（图2），已经构成树林上部景观的针叶树在发挥其作用后逐渐出现衰退，渐渐形成了以米槠和橡树为主的常绿阔叶林景观。

如果从生态系的观点对明治神宫的树林进行研究和分析，可以清楚地看到，大面积的生长环境对树木的健全生长起着很大的作用。现在，明治神宫院内的树林中，生长有100多棵对大气污染耐受能力较差的冷杉树，然而，在除此以外的皇宫中，仅留存有数株冷杉树。而且，调查还显示，这里正在逐步形成健全的植物群落。另外，对于鸟类的生息状态也进行了调查，调查资料表明，该树林在大都市的环境中正在健全地生长。由此，明治神宫树林的营造技术，在生态系以及创造健全的自然林的技术等方面，受到人们极大的好评。

与营造工作相关联的人们

当时，有许多的造园家参与了明治神宫内苑、外苑的营造工作。现在，人们一般认为，日本近代造园学就是由此发展起来的。在林学方面，本多静六先生；在园艺学方面，原熙先生和福羽逸人先生都起着指导性的作用。在他们的教育和指导下，培养出许多的学者和技术人员。其中的上原敬二先生大学毕业后，就被明治神宫造营局聘用，从事有关神宫的树林的设计和施工方面的工作。并且，根据工作中的经验，在1919年编写了《神社境内的设计法》（高山房）一书。上原敬二先生后来开办了作为现在东京农业大学造园科学系前身的东京高等造园学校，并且在日本造园学会成立过程中起着核心的作用，同时，对日本造园技术的发展和造园教育工作的开展也做出了很大的贡献。

"明治神宫的兴建是日本近代造园学发展的原点"这一说法可以通过前面讲述的神宫的树林的营造过程进行认识和理解。

参考文献
· 明治神宫境内総合調査委員会"明治神宮御境内林苑計画"明治神宮境内総合調査報告書、1980
· '明治神宮外苑志'明治神宮奉賛会、1937

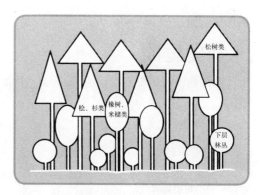

图1　明治神宫院内树林营造时的树种配置模式图
分为4层进行栽种的所谓"4层林"处理手法考虑到与树木生长相关的光环境要素等生理、生态方面的特性，将对光照要求最高的赤松、黑松设置在第1层，丝柏、杉树设置在第2层，橡树、米槠为第3层，将常绿灌木设为第4层的下层林丛。这是一种可以应用到现在的复层林营造技术中的科学的处理手法

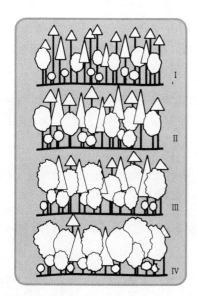

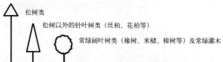

图2　表示明治神宫院内树林林相变化的模式图
规划设想树木栽植后的林相变化情况将按照上图Ⅰ～Ⅳ的顺序演变。即处于图1第Ⅰ层的松树类树木，虽然较当初栽种时长大了许多，但是，随着时间的推移，丝柏和花柏等树木旺盛生长，其结果，导致松树类树木的生长受到抑制，在不足几十年的时间里，便在林冠中呈散在的状态。第Ⅱ层的、作为构成树冠主体的丝柏、花柏类树木，随着其下部栽植的橡树、米槠、樟树等常绿阔叶树木生长优势的扩大，逐渐出现衰退。常绿阔叶树木是最适合当地风土的树种，生长强劲，在营造工作完成不足100年的时间里，形成了Ⅳ所示的大规模的森林景观

明治神宫的内苑与外苑

进行明治神宫内苑树林营造时的情景（菊地德伍氏所藏）

龟山　章
生于日本东京都日野市。东京大学农学部毕业。东京农工大学农学部教授。主要从事景观生态学、生态工程学、环境绿化工程学等方面的工作。主要著作有《生态廊道》（龟山章著，Softscience社（ソフトサイエンス社），1997）、《生态园》（龟山章、仓本宣著，Softscience社，1998）、《调节作用》（森本幸裕、龟山章著，Softscience社，2001）、《都市的生态网体系》（都市绿化技术开发机构编著，Gyousei（ぎょうせい），2000）、《生态工程学》（龟山章著，朝仓书店，2002）等。现在，致力于有关从生态学的角度对人与自然的关系进行调整的方法等课题的研究和探讨。

第5章　进行植物、水体、石景的设计，营造共生的空间　　141

■历史造园遗产 7

无邻庵庭园
近代庭园建设的开端·七代小川治兵卫（植治）

尼崎博正

造园家　小川治兵卫

一座小小的庭园，一位造园家，创造了时代的潮流。

明治中期时，作为元勋居住地的山县有朋的别墅，在京都南禅寺旁营造的无邻庵庭园或许是最具代表性的事例。

"建造庭园，小川治兵卫。"通过"植治"这一雅号的流传而被人们所了解。小川治兵卫先生正是确立适合近代这一激烈变革时代的日本庭园风格的人物。

"从观景型庭园"向"身心感受型庭园"的转变

在无邻庵庭园中充满着一种同以前的日本庭园有所不同的、明朗而开放的气氛，是同隔着宽阔草坪所面对的宏大的东山自然景观巧妙结合的美丽、幽雅的空间。欢快跃动的流水给人以难以形容的绝妙之感。

倘若你坐在屋中，就会听到不知从何处传来的轻轻的流水声。那水声是从在草地中蜿蜒穿流的溪水的小小落差处传来的。

在庭园中漫步游览，当你从安放在溪流中的渡水石上走过时，由此产生的水的动势会在脚下很快地扩散开来。

到园中来访的游客一定会被植治那如同诉诸五感（视觉、听觉、嗅觉、味觉、触觉）般的、有关水体的设计所感动。

该庭园并不是名胜地和风景区的再现，而是试图通过运用以颇具动感的水的动势为媒介、以更接近自然的、与实物大小相等的尺寸表现身边自然的处理手法，进一步谋求实现从"观景型庭园"向"身心感受型庭园"这样质的转变，其意义是非常重大的。

理解时代的胸襟

能够做出这样的与东山丰富的自然环境相融合的颇具动感的设计，绝不是偶然的事情。那是因为植治敏感地把握住以山县为首的新时代的领导者们的感性。令人惊奇的是他对时代的预感。

如果我们以南禅寺附近的别墅为主舞台，追寻其确立独自的庭园风格的历程，可以清楚地领略到植治的非凡的才能。

下面，让我们重点关注植治结合京都的城市规划所做的工作。

1890年琵琶湖水道工程刚结束，植治就提出可以利用船运的方式，从琵琶湖西岸的守山运入庭园石。由此，使得在短时间内筹集大量庭园石一事成为可能。同时，也使得与大规模造园工程相对应的体制更加完备。

其次，就是水源的确保。

作为城市基础设施建设的一环，琵琶湖水道中的水也被用于防火用水。植治是以用于防火的名目，将水道中的水引入庭园的。

如果没有水道这一无穷尽的水源，那么，颇具动感的流水的设计是无法实现的。

在该地区营造无邻庵的过程更具有戏剧性。当初，作为产业振兴的最后妙策，考虑获取利用水道水的水车动力。由于规划调整为向水力发电的方向发展，所以，南禅寺一带免于进行工业区化的建设。

京都市决定将东山一带建设成为别墅区，所以，作为其先行，进行无邻庵项目的建设。

营造新的城市环境

植治对于准确地把握时代需求、认清城市规划上的动向方面有着敏锐的目光。正是具有这样的先见性的缘故，在南禅寺一带相继营造出以无邻庵为首的近代庭园群。

这一座座的庭园在共同拥有东山山麓的历史的、风景优美的环境的同时，形成了以琵琶湖水道为水源的水的网络。

在回顾植治这位造园家的非凡的人生经历的同时，或许我们还应该对所营造出的与当地风土融为一体的、新的城市环境给予高度的评价。

无邻庵（一）

无邻庵（二）

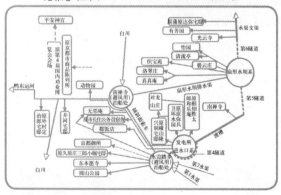

南禅寺一带别墅庭园群的水系

无邻庵（三）

尼崎博正

　　生于1946年。京都大学毕业。农学博士。现任京都造型艺术大学副校长，日本文化厅文化审议会名胜委员会委员。1992年设计作品"武藏山野自然风景园"获日本造园学会奖（设计作品部门）。以日本庭园研究为基础，从事有关作为历史文化遗产的古庭园的保护、修复以及庭园营造方面的研究工作。

第5章　进行植物、水体、石景的设计，营造共生的空间　143

后 记

虽然人们经常可以听到"景观"这一词汇，但是对于操作景观这项工作的具体内容以及景观工作者却不甚了解，或者，甚至连其存在尚不知晓这样的说法更为恰当。我想这是因为"景观"是以同我们每个人的日常生活密切相关的形式存在的，人们难于理解操作这样的身边东西的专门技术和工作的存在。并且，在已经完全忘记同自然的恰当交往方式的今天，或许在操作自然要素、对自然施加人工处理的技术这一点上也感到难以理解。实际上，人们似乎对于自然的价值和重要性已经有所认识，然而，在如何体现出人与自然的良好交往这一点上，有许多的人似乎并不十分理解。

因此，在基于需要使更多的人对"景观"以及"操作景观的工作"有所了解这一认识的基础上，在日本造园学会1999年度、2000年度学术委员会的会议上，进行了有关本书出版的研究、策划工作。其后，将委员会更名为"景观营造工作出版发行委员会"，负责进行涉及30多位作者的书稿委托和稿件整理等方面的具体作业。

当然，仅仅通过这一本书不可能完整地向大家介绍景观营造工作的整体情况，书中列举的事例和景观工作者只不过是希望介绍给大家的诸多事例中的极少部分，而且，书中的内容很难将涉及诸多方面的景观的各个领域全部涵盖其中，本书主要介绍的是有关公共空间的事例。由于约稿时我们要求每个事例只能占用4页纸的篇幅，所以，各位作者在向大家介绍各个事例丰富内容的同时，也付出了极其艰辛的劳动。如果以本书为契机，能够唤起大家对景观领域的关注，我们将感到十分荣幸。

对景观进行整理和调整的作业，不仅可以为人们提供优美的风景，而且与同土地建立良好的关系、进而实现更加丰富的生活有着密切的关联。我们衷心地希望通过本书能够使更多的人理解景观建设是一项经常性的工作，其中也包括保护、保全等方面的内容，是调整人与土地关系的专门技术，同时，良好景观的形成需要每一个生活者都能够有所认识，并为此做出积极的努力。

下村彰男
2003年3月